U0189207

宇宙的颤抖

—— 谈爱因斯坦的相对论和引力波

李杰信◎著

THE UNIVERSE
THAT RINGS

ON
EINSTEIN'S
GENERAL
RELATIVITY
AND
GRAVITATIONAL
WAVES

科学普及出版社
·北京·

图书在版编目（CIP）数据

宇宙的颤抖：谈爱因斯坦的相对论和引力波 / 李杰信著 .
—北京：科学普及出版社，2018.7
ISBN 978-7-110-09843-1

Ⅰ. ①宇… Ⅱ. ①李… Ⅲ. ①相对论—普及读物②引力
波—普及读物 Ⅳ. ① O412.1-49 ② P142.8-49

中国版本图书馆 CIP 数据核字（2018）第 128565 号

著作权合同登记号：01-2018-2690

责任编辑　单　亭　崔家岭
装帧设计　中文天地
责任校对　焦　宁
责任印制　马宇晨

出　　版　科学普及出版社
发　　行　中国科学技术出版社发行部
地　　址　北京市海淀区中关村南大街16号
邮　　编　100081
发行电话　010-62173865
传　　真　010-62173081
网　　址　http://www.cspbooks.com.cn

开　　本　787mm×1092mm　1/16
字　　数　160千字
印　　数　1-5000册
印　　张　11.25
版　　次　2018年7月第1版
印　　次　2018年7月第1次印刷
印　　刷　北京盛通印刷股份有限公司
书　　号　ISBN 978-7-110-09843-1 / O·190
定　　价　59.00元

序

——丘成桐

杰信是内人在台湾大学的同学，我们认识很久了。他任职美国航天总署多年，在太空科学深耕细种，以其独到的见解获奖无数，尤其值得敬佩的是，杰信有暇时从事科普写作，对于喜爱科学的普罗大众，有莫大的裨益。最近他写了一本书，名叫《宇宙的颤抖》，由另外一位物理学家，也是内人的同学朱国瑞转赠给我，我读了以后，惊喜莫名，光从书本的名字就可以窥见作者的卓识。我研习广义相对论已经四十多年了，初次看到物理学家用这么客观的态度和漂亮的文笔，深入浅出地介绍广义相对论，不只是从物理学的观点讲述广义相对论的起源和它的物理意义，更难得的是作者也中肯地指出数学家在广义相对论上的重要贡献。

爱因斯坦 1915 年的伟大工作，曾得到不少几何学家的帮助，这是我多年来深深的体会。除了书中提到的 Grossmann 和 Hilbert 外，还要溯源到 19 世纪大数学家黎曼对于空间概念的划时代贡献。在黎曼以前，空间只有三种：欧氏空间、球空间和双曲空间，都可以用一个坐标系统来描述。黎曼却在 1854 年的著名论文中彻底地改变了空间的观念，他的空间和上述三种空间完全不同，它可以孤立地存在，在小范围内，它和欧氏空间类似。我们可以用各种不同的坐标系去描述黎曼空间的特性，但空间里有意义的性质必须和坐标选取无关。这个看法很重要，因为这就是广义相对论中重要的等价原理。黎曼在他引进的抽象

丘成桐：国际知名数学家，美国科学院院士、中国科学院外籍院士。

空间中定义了曲率，广义相对论中的重力场就是由曲率来量度的，而物质的分布则是由曲率的一部分来表示。物质的分布随时间的推移变化，曲率也随之，这些变化使时空"颤抖"，爱因斯坦从此得出结论：引力波虽然微小，却会出现。在爱因斯坦方程的描绘下，引力场和时空的几何不可分割，俨然一物。

值得注意的是，黎曼当时已经指出，他的空间是用来了解物理现象的。他甚至提出空间中极小的和极大的部分应该用不一样的方法来描述。从近代物理的观点来看，黎曼在找寻量子空间的可能结构！黎曼曾经考虑过离散空间对解释这个问题会不会有帮助。黎曼从 25 岁开始著作，39 岁时得了肺病去世。去世前三年，他每年要到意大利去避寒，因而影响了一批意大利和瑞士的几何学家，其中出色的有 Christoffel，Ricci 及 Levi-Civita 等。他们推广了黎曼的想法，严格定义了张量和连络，两者都是广义相对论和规范场不可或缺的。Ricci 引进了 Ricci 曲率张量，并且证明从这个张量可以产生一个满足守恒定律的张量。这些工作都是由几何学家在 19 世纪中叶到后叶完成的，恰好给广义相对论提供了最主要的工具。

爱因斯坦在 1934 年写了一篇文章 "Notes on the Origin of the General Theory of Relativity"（见 Mein Weltbild, Amsterdam: Querido Verlag），在这篇文章里，他回顾了发展广义相对论的心路历程。第一阶段当然是狭义相对论，这个理论的主要建构者除了爱因斯坦本人外，还有 Lorentz 和 Poincaré。一个极为重要的结果是距离受到时间的影响。但是爱因斯坦已经了解到狭义相对论和牛顿引力理论的 action at a distance 是不兼容的，所以必须要矫正！刚开始物理学家没想到空间的概念经过黎曼的突破后已经有了根本性的改变，他们还在三维空间的架构上，企图修正牛顿的引力理论来符合刚发现的狭义相对论。这个想法让爱因斯坦误入歧途三年之久！爱因斯坦在苏黎世读书时，他的数学教授是和 Hilbert、Poincaré 齐名的 Minkowski。他说，我班上有个懒惰的学生最近做了一个重要的工作，让我用几何的观点去解释它。在 1908 年的论文中，Minkowski 构造了一个四维空间，参照黎曼的方式引进了一个度量张量，完美无缺地解释了狭义相对论。狭义相对论中对称群很自然地成为 Minkowski 空间的对称群。

这篇文章让人类第一次晓得我们生活在四维时空中。爱因斯坦 1908 年得到他一生最重要的启示，他看到 Minkowski 论文的重要性。一般认为爱因斯坦在这年最重要的思想是他的 thought experiment。这个当然重要，但是我认为这是爱因斯坦在企图消化 Minkowski 理论的一个心路过程！为什么 Minkowski 的文章这么重要？从三维空间到四维空间，不单是概念上的一大跃进，有了四维空间，新的引力场才有足够的空间来展现它的动态现象。牛顿的引力理论是静态的，只要一个函数就足够描述引力现象。Minkowski 却指出了一个新的观点，即我们需要用一个张量才能完满地描述引力场。Minkowski 的张量完美地描述了狭义相对论，但爱因斯坦要进一步将牛顿力学和 Minkowski 空间结合，所以他想象中的时空在极度小的范围内必须和 Minkowski 的张量相当。当时物理学家对张量的观念一无所知（事实上也只有一小部分的几何学家懂得张量分析）。爱因斯坦从等价原则中隐约地知道他需要类似张量的工具，但是并不清楚。于是他向同学 Marcel Grossmann 求救，终于搞清楚引力场应该由尺度张量来描述。这个张量在时空中不断变化，但是在每一点上，它可以由 Minkowski 尺度作一阶逼近。Grossmann 是学几何的，他念大学时曾经帮助爱因斯坦做数学习题。但是单引入尺度张量这个观念还是不够描述引力场，我们需要知道如何在非平坦的空间里进行微分，同时要求微分的结果和坐标选取无关（等价原则的要求）。这就是 Christoffel 和 Levi Civita 的联络理论。爱因斯坦在他上述的广义相对论的回忆录中说这是他的第一个问题，发现早已被 Levi Civita 和 Ricci 解决了。爱因斯坦第二个问题是在这个框架上，如何推广牛顿的引力方程。牛顿的方程很简单，即引力势的两次导数等于物质密度。当时爱因斯坦和 Grossmann 都不知道如何对尺度张量微分，使得出来的结果和坐标选取无关，即是说，它必须要是某种张量。在爱因斯坦的苦苦要求下，Grossmann 勉为其难，终于在图书馆里找到了 Ricci 有关张量的文章，原来 Ricci 早已将黎曼的曲率张量收缩成为一个对称的二阶张量，它和尺度张量有相同的自由度，可以看做是尺度张量的二次微分。爱因斯坦知道后欣喜若狂，将它看作方程的左手部分，右手部分则是一般物质分布的张量（在平坦空间上，这个张量早已发展成熟）。于是乎爱因斯坦和 Grossmann 于 1912 年和 1913 年发表了两篇文章，提出了这个方程式。

好事多磨，当爱因斯坦尝试用渐近方法来解这个方程时，却得不到他企图解释的天文现象，这使他很沮丧。在往后的一段日子中，为了解释天文现象，他尝试选择特殊坐标，实质上放弃宝贵而简洁的等价原则。他和 Levi Civita 多次通信，都无济于事。直到 1915 年春，他到哥廷根访问伟大的数学家 David Hilbert 时，情况才有了新的进展。Hilbert 当然深懂几何学，但是最重要的是他是现代几何不变量理论的创始人。围绕着他的都是一代大师，除了 Felix Klein 擅长于用对称群来分类几何学外，Hilbert 的学生 Hermann Weyl 是规范场理论的奠基人，还有历史上最伟大的女数学家 Emmy Noether，当时也在哥廷根，正在发展以后以她命名的 Noether current 理论。爱因斯坦的访问可谓适逢其会！Hilbert 在同年十月就发现了 Hilbert action，从这个 action 很快便能推导出正确的引力方程。爱因斯坦在得知这个消息和收到 Hilbert 的明信片后，也很快地得到了他的方程，并且基于这个方程，推算出他一直想解决的天文问题。开始时，爱因斯坦对 Hilbert 的捷足先登很不高兴，但是 Hilbert 很快地宣布这个工作应该完全属于爱因斯坦，爱因斯坦才转忧为喜。这是划时代的工作，后世的物理学家和数学家都应该向爱因斯坦致以最崇高的敬意。但是希望大家不要忘记一批几何学家背后的功劳！我讲的大部分都在上述的爱因斯坦文章提到，可惜的是他没有提到 Hilbert 的贡献。

值得注意的是，爱因斯坦和 Grossmann1912 年写下的方程，在没有物质分布的时候，其实是正确的。他们大可以用这个方程推导出 Schwarzchild 的著名的方程解，这个解已经足够爱因斯坦做他要的天文计算了。从这里可以见到 Grossmann 对广义相对论的贡献是极为重要的，可惜他的名字没有得到应有的注意，我觉得这是不公平的。但是有一点也要怪 Grossmann 自己不用心，他没有仔细参考文献。其实 Ricci 早已发现爱因斯坦方程的左手部分，并且知道只有这样的组合才能满足守恒定律。守恒定律是物理上极为重要的定律，毕竟方程的右手部分已经知道满足守恒定律，所以左手部分也必须满足它。从这个角度看，这个方程应该在 1912 年前就可以被发现。之所以没被发现，是因为爱因斯坦没有深入去了解 1912 年的方程左手并不完美，而坚持解释物理现象比了解几何的内在美更为重要。

完成广义相对论后，爱因斯坦改变了他的观点，现在他认为物理学最基本的部分应该由数学和 thought experiment 来指引。他在文章结尾时说，找到广义相对论的方程后，一切都来得这么自然，而又这么简单，对一个有能力的学者来说，是轻而易举的事。但是在找到真相前，他费尽心思，经过长年累月的努力，饱受日夜的煎熬，其中艰辛实不足为外人道。爱因斯坦这项工作可说是人类有史以来最伟大的科学工作，这段经历由杰信这本书娓娓道来，对于一般有志于科学的朋友来说，定会启发良多，我很乐意地推荐给大家。

2018 年 2 月

目录
CONTENTS

自　序

　　爱因斯坦的相对论可能是人类有史以来最美丽而又极深奥的物理理论。但是作为一个一般的读者，很难读到一本比较深入浅出，又能全面介绍爱因斯坦相对论的科普书籍。

　　市面上介绍爱因斯坦相对论的科普书籍，内容不是太过简单，就是太过深奥，两极分化严重。内容简单的书，和我看过的那十本（包括霍金的两本《时间简史》）一样，讲的都是读者早就知道的事情，读者不懂的地方仍然没有提及，还是让人搞不清楚。内容深奥的，往往直接以爱因斯坦的场方程张量数学开场，第一行还能勉强看下去，但第二行中的专家术语迅速地给读者当头一棒，瞬间浇灭了学习的热情。

　　即使以简单易懂为目的的相对论科普书籍，也不容易阅读。主要困难在于介绍爱因斯坦的一些核心思维时，常以孤立的形式出现，未能与他的整体思维发展进程为主轴，先来后到，抽丝剥茧，使读者的理解能找到每个时期的关键点，循序渐进，获得知识融会贯通的喜悦和满足。

　　于是，我就开始鼓励自己去写一本介绍爱因斯坦相对论的科普书，内容走中间路线，介于浅深之间，使热爱知识的读者，也是我的知音们，和朋友闲聊时能和我一样，能全方位地使用专家科普术语侃侃而谈相对论。当然更重要的，我希望读者们能和我一样，从人类智慧结晶的爱因斯坦相对论中，感受到知识斩获的无比满足。

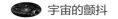

我的信念是：以高层次科普角度来全面理解爱因斯坦相对论，并不是不可能完成的任务。

在我的想象中，一直把爱因斯坦弯曲的几何四维时空，当成一种数学上的便宜，从没认真地考虑过它也可能是真实的宇宙结构。从目前人类侦测到的引力波证明，爱因斯坦的四维时空真实存在的程度，几乎就像金属材料或是钻石晶体，已经到了能用手触摸得到的地步。

回首一望，人类对宇宙的理解，从百年前的静态，经过 60 多年的膨胀，在 21 世纪初进入了加速膨胀的黑暗宇宙。而爱因斯坦的相对论，虽出世于静态宇宙的年代，却在 100 年后的今天，人类发现，它竟然包容了被黑暗能量掌控的加速膨胀宇宙的内涵。爱因斯坦的相对论真神奇，经历了 100 年的严格验证，依然波涛壮阔，历久弥新。

2015 年 9 月 14 日，人类直接侦测到爱因斯坦 100 年前就预测的引力波。引力波的幅度其实就是一丝丝微弱的宇宙颤抖，但它强悍到给了我极大的震撼，激发出了写出这本书的能量。

直接侦测到引力波的发现，获 2017 年诺贝尔物理奖。

感谢德国乌尔姆（Ulm）大学希来奇教授（Professor Dr. Wolfgang Schleich）和埃夫雷莫夫博士（Dr. Maxim Efremov）给予作者对相对论理论的咨询。在此并感谢刘凤川博士和王海燕教授的技术审读。

导　读

爱因斯坦（Albert Einstein，1879—1955）出生于人类对光波开始理解的迷惑年代。爱因斯坦从中学开始，就对光速在当时流行的以太介质中的变化产生了无比的好奇。起初，他幻想自己是个御光者，骑在光束上，能和另一束光并驾齐驱，借由这个机会，好把和他同行的光的性质看个清楚。这个思维实验一开始做，他就陷入更大的迷惑中，几乎到头脑炸裂、思路枯竭的地步。还好很快的午夜梦回灵感泉涌，他想出了另一个在火车站的思维实验，所用的道具包括高铁列车一辆、两位观察者和两道闪电（见第 23 页图 6）。实验结果为：在不同相对速度的坐标中，时间不是绝对的，而是相对的。没错，就是这么一个简单的思维实验，瞬时推翻了牛顿以绝对时间为基石的力学理论，打响了人类有史以来最伟大的科学革命，也向世界宣告，一位千年不遇的天才现世了。

假如您看懂了图 6，我就可以向您说，即使这本书只看到这就打住，您已经学到了爱因斯坦相对论最基本的概念。但因为您看懂了图 6，会更兴奋地往下看，绝不会在此就打住。

爱因斯坦把时间的问题想通后，所有对光速和以太的迷惑一扫而空：宇宙中没有以太介质，光波不需介质传播，光速在所有相对匀速运动的坐标系统中恒定相等，即每秒 30 万千米。

我们已提到两次"坐标"字眼。爱因斯坦的相对论，就是坐标不

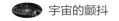

停转移的力学理论。坐标转移好像是深奥的数学，我在台湾参加的大专联考，数学考题就是聚焦在坐标转移上。课堂上没学过，那届考生惨被修理，平均得分在 20 分上下，台大数学系状元得最高 59 分。然而坐标转移并不只是数学上的游戏，我们每天其实都在坐标转移中打滚，以相对速度运行的空间和时间过各自的生活，我在书中第 3 章花了些文字形容，希望读者有所体会。

爱因斯坦 1905 年的相对论，给人类一个有史以来最出名的方程式：$E = mc^2$，也顺手制造出一架神奇的"时光机"，打开人类未来在有生之年实现宇宙万年之旅的可能性。

其实爱因斯坦的工作才开始。他虽然炮声隆隆地批判牛顿力学的失误，但他尚未在他的相对论中，加入牛顿的引力场。他以一个跳楼者自由落体的思维实验为起点，想通了引力场和加速度中间的"等效原理"，找到了数学工具"黎曼流形"，开始了 8 年艰苦卓绝的智慧搏斗旅程，途中历经了"苏黎世笔记本"和"摘要论文"将近 3 年的歧途，归根结底还得自己苦读，学会了张量"绝对微分"技巧。在 1915年底，劈开了 20 世纪的红海，完成了一件千年不遇、绝对天才级的伟大宇宙工程。

再说得通俗些。在我们每天生活其中的三维空间活动，每走一步路其实都得使用一组三维坐标，其中含有方向如东南西北上下以及距离如几米几千米等"度量"尺标，才能不迷失方向而最终抵达目的地。所以，开步走之前，先要把"度量"尺标讲清楚，才能使用它导航到达目标地点。属平面几何范畴的三维空间一般每一点用三个"度量"尺标就够了。同样地，在爱因斯坦复杂的四维时空"黎曼流形"空间中活动，也得使用一组四维时空坐标的几何"度量"尺标导航，才能安全抵达目的地。但在上弯下扭的四维时空空间中，一般每一点得需要 16 个"度量"尺标才够用。

　　用最简单的语言来说，爱因斯坦的相对论，就是在四维时空空间中，寻找在每一点的一组 16 个能满足所有相对论物理要求的"度量"尺标——爱因斯坦费时八年才找到。

　　"度量"尺标到手，就得到在宇宙每一点的曲度。有了曲度，就知道在宇宙中每一点引力场的强度和加速度。于是，爱因斯坦就可送出光子、粒子等尖兵在"度量"尺标连接成的"捷线"上奔驰，探清整个宇宙面貌。

　　2015 年 9 月 14 日，爱因斯坦百年前预测的引力波，终于在 21 世纪人类最先进的科学仪器中现形，讯号记录的是 13 亿年前一个宇宙发生过的有如滔天海啸的暴烈事件，经过 13 亿光年距离的传播后抵达地球，只剩下一丝微弱的宇宙颤抖。

　　事实上，2006 年以后出现的新证据已能鉴定出：现在命名为"爱因斯坦场方程"（Einstein's field equations，EFE）的方程式，其实是由希尔伯特（David Hilbert，1862—1943）在 1915 年 11 月 11 日至 16 日之间率先导出，这段案子我们留到"后记"再谈。

Chapter

01

第一章

牛顿的苹果

在西方文明世界里说事，如引进了苹果，肯定是大事，也可能出大事。

苹果以最高姿态出现，是在艺术家笔下的圣经《创世纪》中。我们熟悉的故事可以这么说：上帝创造了亚当和夏娃，安置他们在伊甸园，授权使用园中所有的资源。园中唯一不能动用的，就是那棵能辨善恶的智慧苹果树。亚当夏娃天真无邪，享受着上帝伊甸园中丰盛的赐予，过着两小无猜的日子。有一天，蛇来拜访夏娃，带来了苹果汁多肉甜的信息。夏娃经不起诱惑，摘了枚苹果，吃了一口。嗯，味道太好了，马上分了一块给爱人亚当。亚当也细嚼慢咽，果然好吃，赞不绝口（图1）。

蛇窃喜完成了勾引的任务，迅速逃之夭夭。上帝发现神圣的智慧树被侵犯，震怒。亚当夏娃当即被赶出了伊甸园，两人身体拥有着苹果转移过来的智慧基因，变聪明了，瞬时感觉到赤身裸体的羞耻。就这样，他们背负上人类原罪的十字架，最终也波及了你和我这些凡夫俗子，出生后因有智慧，故有罪，须得信上帝、祈救赎……

到了伟大的牛顿（Isaac Newton，1642/43—1726/27）时，苹果再次以高姿态出现。一般可接受的故事版本是，牛顿躲避1665年至1666年的伦敦大鼠疫（Great Plague of London）时，在郊区住宅的后花园中，被树上掉下的苹果砸中了脑袋（图2）。

其实编这故事的人，也可以选用橘子或桃子做道具，但显然橘子和桃子象征力道不足，写不出能和伊甸园智慧苹果挂钩的连续剧，于是剧本演变成：天才的牛顿，被智慧苹果撞出了源源不绝的灵感，看清楚了使苹果从树上往地下落的力量和月球被地球吸引住而在地球轨道上运行的力量，皆来自于同一个源头。牛顿把这个力量称为"引力"（gravitational force）或中文世界中习称的"万有引力"。

牛顿从一个苹果撞头事件出发，发现了万有引力，严谨地以微积分数学建立起太阳系宇宙学，并以拉丁文写出他的力学巨著《自然哲学的数学

图1　亚当夏娃伊甸园［Credit: Lucas Cranach the Elder （Public Domain）, via Wikimedia Commons］

图2　传说中牛顿和苹果的故事示意图

理论》[1]，把人类的科学文明，推上了一个更高大的平台。只有这样高大的平台，才配得上请重量级的智慧苹果角色出场作秀。

牛顿建立起万有引力的宇宙学理论或俗称的"牛顿力学"后，日子并不好过。日子不好过的原因，其实是深埋在他自己发明的"牛顿力学"困惑之中。

第一，牛顿宇宙中所有的星体，皆得服从万有引力理论，相互吸引。但牛顿仰望 17 世纪末的星空，天上所有星体的相对位置，皆静止不动，固若金汤。当时称这类宇宙为"静态的宇宙"（the static universe）。如果他的理论正确，天上的众星体因相互吸引力量，皆得以高速运行，碰撞不绝，最终应导致宇宙全面崩盘。但他每晚看到的天庭，为什么是那么坚固美丽，纹丝不动呢？

牛顿相信天庭是上帝创造的。上帝在天庭中创造出无穷多个星体，每个星体都安排在一个固定的位置。无穷多个星体都在固定的位置上，虽仍有牛顿相互吸引的力量，但无穷和完美的安排，刚好抵消掉所有相互吸引的力量，使作用在每个星体上的力量刚好平衡，于是宇宙就安静下来了。牛顿的宇宙，得有上帝在那把关天庭才不会崩盘，如此一来，牛顿的力学才能在静态的状况下发挥作用。

牛顿的上帝安排出来的静态宇宙，有无穷多个星体都在固定的位置上，现今如往昔，应是永恒的存在，这是逻辑推论唯一的可能性。换言之，当今的宇宙年龄应是无穷古老，这就引出了牛顿第二个日子不好过的原因。牛顿的宇宙含有无穷多的星体，每个星体又有无穷的时间，传递星光的能量。以地球的夜空为例，单一的星体从遥远的宇宙传来的星光能量虽然微弱，但别忘了，这类微弱的星光能量有无穷多个，前推后挤，在地球的夜空无限累积，最终必定造成地球天空全面亮堂堂，没有黑暗的角落。更有甚之，因无限累积的光能越来越强，最终必定以焚毁地球成炼狱收场！

　　牛顿的上帝能勉强帮他解决第一个问题，但牵引出的第二个问题，就束手无策了。

　　牛顿这两个顾虑，在 1929 年哈勃（Edwin Hubble, 1889—1953）发现宇宙是膨胀的以后就迎刃而解了。宇宙是膨胀的，就得有一个往外推的力量（暗能量）支撑着宇宙不崩盘。而膨胀的宇宙回首追溯，就直接告诉人类，宇宙是有生日的，年龄有限（我们的宇宙年龄为 138.2 亿年），即使宇宙中星体数目仍然无穷多，但很多星体的星光还没有足够的时间传送到地球，尚不会造成地球无夜空状况。

　　其实牛顿力学还有个最严重的问题，即他所使用的"绝对"（absolute）时间的概念，独立于我们日常生活其中的三维空间之外，对在三维空间内高速运行的物体是行不通的。这个问题我们会在下一章深谈，但这问题的确大到连牛顿自己都看不到，以至于毫无感觉，一直要等到爱因斯坦出现后，才把问题叙述清楚。而爱因斯坦更得辛勤工作 10 年（1895—1905），才把这个诡异的问题彻底解决。这方面我们会在下一章深谈。

　　话虽如此，牛顿其实是人类有史以来几位屈指可数的奇才，他的力学是人类文明的奇葩，千古难逢。他的理论，继哥白尼（Nicolaus Copernicus，1473—1543）、开普勒（Johannes Kepler，1571—1630）和伽利略（Galileo Galilei，1564—1642）之后，巨人站在巨人的肩膀上，彻底建立起太阳恒星是我们行星系的中心。

　　在中学的物理课中，我们就学到物体间的吸引力和它们之间的质量大小成正比，和距离的平方成反比；一定的力量可推动一个物质以相等的加速度运动；在无外力下，惯性（inertia）挂帅，物体静者恒静，动则恒动；还有，作用力等于反作用力等。这些都是牛顿力学的精华，而且牛顿力学对在低速度和低引力场（中文语言目前有"引力"和"重力"两种说法：在远离天体的深宇宙环境，一般以"引力"形容。在接近星体或星体表面环境，因有星体自旋和星体物质分布均匀度等因素参与，一般使用"重力"

较为妥当。爱因斯坦的相对论以远离天体的深宇宙大环境为主体，故本书皆采用"引力"）中运行的人造卫星和天体，依然是目前使用的黄金标准。最后，他的理论中有个顶天立地的"万有引力常数 G"，连爱因斯坦都得要谦虚地承接过去，在他的相对论中继续使用。

有速度的光

在牛顿出生前，人类的科学已经取得了一系列天翻地覆的革命性进展。17 世纪初，人类开始使用望远镜观测天体，太阳黑子、月球和火星地表、木星和它的几颗卫星，尽收眼底。伽利略在 1638 年就在几个高塔间设计过测量光速的实验，但因时钟精确度太差，仅得到"光如不是实时抵达，就是它的速度超级快"（if not instantaneous, it is extraordinarily rapid）的结论。尤其是在 1676 年，即牛顿发表他的力学巨著前 11 年，人类从对木星的观测，发现木卫一（Io）绕木星的周期不固定，非常诡异，好像和木星与地球之间周期性增减的距离有关。最终认定，从地球观测木卫一绕木星周期的变化，是因为光的传播需要时间，才第一次以这个概念测出了光速。

前面提到，静态宇宙的思维是宇宙一定要先永恒的存在，才会以静态出现。在永恒的宇宙中，光有足够的时间，老早已传播到宇宙的每个角落。所以，在静态的宇宙中，光不再需要时间传播，也就是光已在那，随招呼随到，不需等待，即等于光速无限大。所以，牛顿静态宇宙中的光速无限大。

人类对光的认识，是推动科学文明前进的主力，所以在此略微用些篇幅，解释一下人类如何从对木卫一的观测，第一次获得光速是有限的，需要时间才能传播，而推翻了在静态宇宙中光速无限大的认知。

第一场光速论战的核心人物为奥利·罗默（Ole Rømer，1644—1710），论战前后进行了 50 多年，一直到他逝世后的 1727 年，由木卫一发展出来的光速理论才被科学界普遍接受，从而告一段落。

　　木卫一是离木星最近的四大卫星之一，每 42.459 小时，即 42 小时 27 分 33.5 秒绕木星一圈。木卫一进入木星的夜空（阴影）那一瞬间，称"没"（immersion），从木星的阴影出来的那一瞬间，称"出"（emergence）。木星本身每 11.86 年绕日一周。所以，地球每一年都有和木星"冲"（opposite，即木星与地球在太阳同一侧，三天体连成一条直线）一次的机会。因木卫一贴着木星近距离飞行，它的部分轨迹，常被大块头木星掩蔽（occultation）。举例，在地球每年向木星冲（H）的位置靠近时（F → G）（图 3），从地球望去，只能看到"没"点（C），看不到"出"点（D）。同样道理，在地球每年从和木星冲的位置离开时（L → K），从地球望去，只能看到"出"点（D），看不到"没"点（C）。

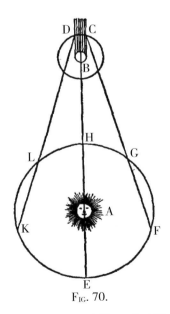

Fɪɢ. 70.

图 3　奥利·罗默测量木卫一 Io 周期示意图。A 为太阳，EFGHLK 为地球轨道，B 为木星，C 为没点，D 为出点 ［Credit: Ole Rømer（Public Domain）］

先做一个假设：如果地球（F）和木星（B）的位置固定不变，则每42.459 小时，在地球上可定时见到一次木卫一"出"或"没"的现象，非常规律。但地球和木星在自己的轨道上是动的。在地球以每秒 29.78 千米的速度，向和木星冲的位置 H 接近时（木星绕日轨道速度为每秒 13.07 千米，但距离地球太远，公转周期长，在地球看来，短时间内木星相对远处天体的角度改变可忽略，在此木星就以静止处理），地球和木星之间的相对距离，实际上一直在变小，在木卫一两次"没"间，地球在轨道上向木星接近了约 4551944 千米（29.78km/s × 42.459hr × 60min/hr × 60s/min），光需要约 15 秒才能走完这个距离。也就是说，地球向前迎着木星，早了约 15 秒看到了"没"时传来的讯息，就造成下一次"没"点出现时，两次中间的相隔时间小于标准木卫一绕木星的周期 42.459 小时。离开冲的位置后，以从地球观测木卫一在两次"出"中间时间拉长，加上地球和木星之间距离增加，以同样道理，也可测量出光速（图 4）。图 4 则是罗默的笔记手稿。

这个测量的精确度，取决于对地球和木星绕日轨道计算的精确度。在1676 年没有计算机，当时的天文学家只能和开普勒一样用手计算，得光速为每秒约 22 万千米（罗默自己没发表过这个数字，是别人用他的数据计算出来的，造成后人认为是罗默自己计算的误解），精确度只达现代数值的73%，在当时却已是相当了不起的成就。

罗默虽然自己认为量到的是光的速度，但那个时代的科学家们，连"光"是什么都搞不清楚，更不必关心到它的传播还需要什么速度。著名科学家中，反对人数比认同罗默的人数多出数倍。但因为望远镜的发明，人类开始观测距离遥远的星体，光的传播需要时间的现象，最终必得浮出台面，是一个无法避免的结果。

牛顿也加入了当时对罗默木卫一周期变化理论的论战，并在他的力学巨作里，以数页篇幅，仔细计算木星的椭圆形轨道，力挺罗默的"光需要时间传播"的论证。

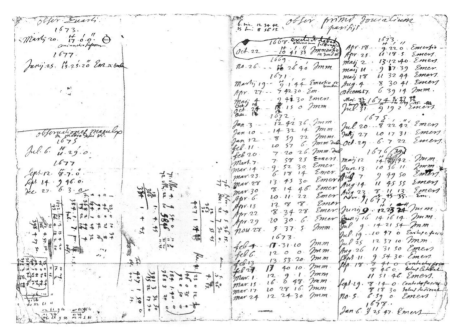

图4　罗默1669年至1677年间有关木卫一观测的笔记手稿

引力何处来

"光"毕竟看得见。虽牵涉到略为深奥的量子力学，我们至少能找到光和电磁波来自原子的电子能量层的变化。而引力呢，能把苹果砸到牛顿的头上，也能使牛顿坐实在椅子座位上，力度应是能感觉到。但引力从物质的何处来？一直到21世纪的今天，眼前还是一片漆黑。所以，350多年前的牛顿对引力源头当然更无从知晓。

引力虽然神秘无比，但它的力量，我们可以用理论计算出来。这类计算，皆是在两个物体已存在的情况下进行的。尤其是宇宙中的天体，已亘古存在，今天的引力和去年的引力一样。时间尽管流动，但引力大小不变，所以完全可以理解牛顿没有把引力也需要时间传播的因素放进引力理论中。

举一个最简单牛顿力学无法处理的例子。地球被太阳引力吸引而绕日轨道周而复始运动，以牛顿力学来计算轨道几何形状和周期绝对精确。但如果我们问，假设因不明原因，太阳突然消失了，住在地球上的人类，要多少时间后才能知道太阳已经毁灭而使地球只能沿着轨道切线飞出去？

牛顿力学因没和光速挂钩，它的回答是太阳消失的讯息以无穷大的速度实时传到地球，用英文字就是 instantaneous。这是个牛顿力学在永恒静态宇宙模式概念下必然的答案。我们现在知道宇宙中任何讯息传播的速度不能高于光速（约每秒 30 万千米），所以这个答案显然不对。以爱因斯坦的"广义相对论"（General Theory of Relativity）回答，应是引力波传播一个天文单位（1AU，约 150000000 千米）距离的时间，约 500 秒。

但当时的人类，还没有智慧把光和引力放在一起谈，更怎能想到，350 年后的今天，引力居然也有波，它的传播速度，因是纯能量，竟然和光挂上了钩，是光速，每秒 30 万千米！

牛顿力学中，两个天体间的引力永恒存在的结论，还牵引出另一个在概念上无法回答的问题，那就是两个天体间如何把引力传递给对方。牛顿力学中两个天体间的宇宙空间一片高真空，空无一物，引力靠什么沟通呢？爱因斯坦发明"广义相对论"的关键任务，就是正面进攻，以强大的"多维几何空间"力量，修正了牛顿力学这个致命的缺陷。这是本书的核心思想，此内容将在第七章和第八章中详谈。

冲出地球的电磁波

1865 年，麦克斯韦（James Maxwell，1831—1879）站在巨人法拉第（Michael Faraday，1791—1867）的肩膀上，发展出 4 个把人类提升到电磁波文明的麦克斯韦方程式。从实际角度来估量，人类在掌握电磁波秘密后，才正式登入外层空间文明世界的殿堂。在此之前，地球已在宇宙中运行了近 46 亿年，一直像是在深夜无灯开车，黑漆漆没人看得见。当然偶尔经由自然的闪电，或许能向外层空间射出去一些无意义的杂音讯息。但人类在 1865 年以后，从伊甸园中偷吃到的智慧苹果基因，终于在体内发酵，开始变得聪明再聪明了。尤其是在最近的一百多年，以计算机为基础的聪明度有加速发展迹象，知识也以几何级数累积，刹不住车，已到了脑不由己、欲罢不能的地步。

麦克斯韦电磁波理论更神奇的是，它虽是由法拉第在铜线铁丝等导体中激发出的灵感，包括在这类导体内传播的波动，但它的速度竟然能从两个在静态中就能测量的物理常数计算出来，即导磁常数（magnetic permeability）和介电常数（electrical permittivity）。用理论导引出波动速度是稀松平常的事，像声波、水波和地震波的速度，皆可由物质的物理常数导引而来。但麦克斯韦导引出的电磁波速度非同小可，因为它太快了，在真空中可达每秒 30 万千米（现代精确数字为每秒 299792458 千米。除非标明，本书中所提光速皆为光在真空中传播的速度）。所以这个速度刚出现时，麦克斯韦仅能说，那是电磁波速度。一直到他翻遍文献，找到罗默在 1676 年用木卫一测出的那个"每秒 22 万千米"的光速，和他的理论计算得到的每秒 30 万千米电磁波的速度接近时才恍然大悟，哦，光波原来也是电磁波呀！（电磁波覆盖的波长可以从极短的伽马射线、X 射线、紫外线、可见光、红外线、微波，一直到涵盖极长的无线电波。所以，可见光其实只是电磁波波段中极小的一部分，但人类最为熟悉可见光，在日常用语中反而喧宾夺主，成了整个电磁波的统称。）

　　当时的理解认为光和电磁波的出身不同：光来自无穷的宇宙，而电磁波只是地球实验室中的产物。在麦克斯韦验明正身的那一刹那间，只在地球实验室中铜线铁丝中奔跑的电磁波，才得到认祖归宗依据，冲出了地球，向宇宙的每个角落传播出去。

　　电磁波以光速传播的理论成立后，马上给人类带来一阵乱棒压顶，打出来一大箩筐迷惑。因为这段历史和相对论的出现关系密切，容我详述。

Chapter

02

第二章
御光者——十年一惑

自然界的波动，本是人类熟悉的现象。人类以万物之灵的智慧，发展出语言，成了会说话唱歌的动物。鲁契亚诺·帕瓦罗蒂（Luciano Pavarotti，1935—2007）的浑厚天籁，在空气中以每秒约 340 米的速度散播。鲸鱼以声纳导航，讯号在海水中以每秒 1500 米的速度前进。里氏（Richter）7.0 级地震来袭，破坏力取决于震源与测量点的距离和深度，它的传播速度在每秒 2 ~ 8 千米。

在不同物质或介质中传播的波动，皆可被统称为声波。一般性质是介质越硬，声波在其中传播的速度越高。声波在铁铜块中的速度，约每秒 5 千米，在人类所知最硬的材料钻石中，可达每秒 12 千米。

所以人类不怕和各种自然界波动打交道，老朋友嘛。光波一出现，人类照本宣科，没事，不就是速度高些嘛，但还是波呀，就以熟悉的声波概念处理光波传播事宜。

以太介质

声波传播，需空气、水和固体等介质。这些介质是地球上的产物。光来自于宇宙，传播的领域覆盖了整个上帝的天庭，声波当然无法望其项背。但别忘了，麦克斯韦最初的理论，是用来处理在地面实验室中所谓的电磁波（electromagnetic waves）的。当他发现他的理论，竟然能全宇宙通吃，也是从遥远宇宙传过来的光波（light waves）的理论时，我可以想象当时的场景：他有如开普勒完成火星绕日轨道的计算一样，被圣灵充满，双膝跪下，从上帝手里，接过来这个天庭的秘密。

光波不管它速度有多快，但总是波。人类当时的理解：是波，就得在介质中传播。波在介质中传播有个现象，人已习以为常。以水面波为例：拿块石子丢到平静的水面，水面受干扰，产生水面波动，开始以一定的速度向外传播出去。作为旁观者，您跳上汽艇，追着第一个波动，很快就追上，并能和它并肩前行，同时也可悠闲地测量水面波和汽艇的相对速度。因汽艇和水面波匀速前行，您只能记录：水面波相对汽艇的速度为零。测量完毕，在水面停船，您即刻注意到，水面波不再对汽艇静止，而是一波一波地快速经过汽艇而去。

对于一个在一边静止不动的旁观者而言，介质和波动还有一个重要的牵连关系，就是波动可乘着同方向移动的介质，波动传播的速度会增高，增加的部分即为介质移动速度。反之，则波动传播的速度会降低，减少的部分也为介质移动速度。这有些像在火车上投棒球，对在月台上静止的观测者，顺着火车前进的方向投，棒球对地面的速度增加，增加部分是火车速度，反向投则棒球对地面速度减低，如火车时速够快，对在月台上静止的观测者来说，甚至会呈棒球倒退的现象。

依靠介质传播的波动，观测者可随时调整他和波动中间的相对速度。波的速度是快还是慢，或者是停止下来不动，这取决于介质本身的速度和观测者自身在介质中运动的速度。

麦克斯韦的光波理论出现 30 年后的 1895 年，爱因斯坦 16 岁，还在高中读书，刚开始接触到这个神奇理论，马上就引起他极大的好奇。光速太快了，每秒 30 万千米。他就提出疑问，如果他坐上每秒 1 万千米的火车和光波平行前进，那么光的速度不就变成每秒 29 万千米了嘛，如果和光反向运动，那光速就变成每秒 31 万千米了。他甚至异想天开，梦想自己是一个御光者，骑上一束光，和另一束光并驾齐驱，那他就能看到一个电和磁相对速度为零，只在原地踏步震动的光了。这个想象中的实验，和人乘船看水的波动一样，并不违反逻辑呀。他还想出一个实验来证实他的想法。相对而言，以每秒 31 万千米的速度传播的光，一定比以每秒 29 万千米的速度传播的光携带更多的能量。这就好比前面提到的在火车上投棒球的例子：顺行投出的棒球，一定比反向投出的棒球，对地面的相对速度要快。速度快，能量就高；速度慢，能量就低。如果在月台上放置两支灵敏度够高的温度计，让火车头发出的顺行和逆行的光分别照射，量到的两个温度，一定是以每秒 31 万千米的速度传播的光比以每秒 29 万千米的速度传播的光的温度高。光速转换成温度计可感应的温度，对物理学家来讲勉强能懂，但对一般人来说难以想象。爱因斯坦这个思维实验，他自己承认，并没有付诸实践。他是位理论物理学家，讲得热闹，但思维实验，只是在脑袋中做做而已。

伽利略的船

除了上述的相对光速之说外，电磁波理论还给了爱因斯坦另一个坚强的信念。伽利略曾把这个信念叙述得淋漓透彻，史称"伽利略的船"。想象有这么一艘船，在绝对平静的湖面航行。船中间有个大厅，严实封密，与外界视觉隔绝。大厅里面有个金鱼缸，天花板上有个水漏斗，垂直对准地板上一个接水滴容器的小孔，再准备几个球，放几只蝴蝶、蜜蜂在大厅的空间飞行。船停在岸边不动时，先观察记录鱼游水的状态，水滴垂直准确进入容器小孔，蝴蝶、蜜蜂悠闲飞行，两人来回传球玩耍。第一个实验 10 分钟后完毕休息。船启航，半小时后，船稳定航速每小时 10 千米。再重复第一个实验：金鱼依然游水，水滴垂直降落，蝴蝶、蜜蜂飞行如故，两人照旧来回传球玩耍，仔细观察并再次记录下来。第二个实验也是 10 分钟后完毕休息。船速增加到稳定航速每小时 20 千米。再重复前一个实验，观察并记录。再改变稳定船速，再重复实验，观察并记录……。这个实验的结论是，不管船或靠码头停止不动，或在稳定航行中，鱼游蝶飞，水滴直落，皆重复相同实验，看到相同现象。换句话说，人类所知的所有物理定律，在相对匀速运行的坐标中，找不出差异，同样正确。每个实验过程中，因船皆匀速前进，船上的乘客又被密封在船舱里，看不到外界景物，所以船舱里的人，根本没有知觉，也分不清楚船到底是动的还是静止的。"伽利略的船"实验，后来被提升成"相对原理"（Principle of Relativity）。

　　电磁波理论，也是人类熟知的物理定律，尤其是他的导线在磁场中运动可引起电流，而电的流动又可产生磁场，也应适用于匀速坐标中物理定律恒定的假设。那光速也是电磁波理论中重要的参数，在相对匀速运动的两个坐标中，光速也不会因坐标拥有不同的相对速度而发生变化。

　　在高中读书时的爱因斯坦已经开始怀疑，观测者和光相对速度的变化，真的能改变光的速度吗？从爱因斯坦传记史料估量[2，3]，他和诡异的光速整整奋斗了 10 年。到了 1905 年，他已御光 10 年，在现实世界中，还没有任何人看到过比每秒 30 万千米传播速度或快或慢的光波。

　　其实在爱因斯坦 8 岁时，一个测量光在宇宙介质中传播速度变化的实验，史称迈克尔逊－莫雷实验（Michelson-Morley Experiment，1887 年）就已完成。光需要介质传播，是当时人类在概念上无法超越的门槛。光横行整个宇宙，所以人类就假设，宇宙中一定充满了一种光在其中传播的介质，就给它起个名，叫"以太"（ether；aether）。

　　在地球上，声波传播时所仰赖的介质（如空气和水），因压力和温度的不均匀，一般皆流动不息。宇宙比地球大太多，以太在其中，更应流动。即使如此，让我们为辩论而辩论，就先假设以太在全宇宙中是静止的。但太阳系在银河系猎户旋臂上，每 2.2 亿年绕银河系旋转一周，实际以每秒 250 千米的速度，在银河系的轨道上运行。所以，不管人类从任何角度推理，只要以太存在，它相对太阳系和地球，一定不可能静止，一定得有相对速度。当然也有人指出，所有介质皆应有黏滞性质（viscosity），即使以太在地球绕日轨道范围内是静止不动的，地球自转也会带着以太一起转动，产生能够计算出来的对地表的相对速度。不管这些以太相对速度的出身来源，对在地面上的实验室，皆可使其沐浴在"以太风"（ether wind）中，如图 5。

　　物理学家一直有个梦想，想在宇宙中找到一个绝对的坐标。如果这个坐标真的存在，人类的物理，就好像找到了终极归宿，一切物体运动，皆可使用这个绝对的参考坐标，完全客观可靠，物理将更清晰透亮。在宇宙中

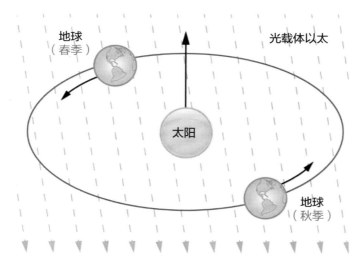

图5　迈克尔逊－莫雷的"以太风"实验。太阳箭头表示太阳系在猎户旋臂上相对银河系运动的速度，约每秒 250 千米（改绘自：I, Cronholm144［GFDL or CC BY-SA 3.0］, via Wikimedia Commons）

传播光的介质载体以太，够资格成为物理学家梦寐以求的绝对坐标。

　　如果以太和以太风是光在宇宙传播的介质，则因为以太风以一定的方向流过地球，光速应在和以太风垂直、逆向、顺向等不同方向传播时发生变化。迈克尔逊－莫雷实验仪器的灵敏度是需要侦测到光速变化讯号的 40 倍，即光速变化讯号强度理论值应为 0.4，而仪器能量出 0.01 强度的讯号。但他们左测右量，怎么都找不出光速变化的讯息，也就间接证明了在宇宙中找不到光赖以传播的介质以太。结论：宇宙中没有以太，光不需要在任何介质中传播。

　　迈克尔逊－莫雷所使用的实验技术，属光谱干涉仪范畴，是现代激光干涉仪的先河，在第十三章"宇宙的颤抖"中会详细介绍。

　　迈克尔逊－莫雷类型实验，在 1881 年至 1930 年间，用当代与时俱进的先进技术，至少被重复做过 15 次以上，结果全侦测不到以太和以太风的存在，皆以"负"（negative）或"失败"（failed）实验收场。

迈克尔逊－莫雷实验，是人类向现代物理进军的一场关键会战，也是第一个因没有量到所要寻找的物理现象，而获颁诺贝尔奖。迈克尔逊当时是位大学物理教授，为美国在 1907 年捧回了第一个诺贝尔奖。但莫雷却失之交臂，并未同时获奖。我遍查文件，唯一合理的解释是，莫雷手巧，制装实验仪器技术乃世界一流，但实验是迈克尔逊原始构思，诺贝尔奖委员会把莫雷当成技工处理了。诺贝尔奖委员会这类决定甚多，包括吴健雄的实验对李政道、杨振宁推翻"宇称守恒定律"的贡献在内。

在爱因斯坦的传记史料中，很认真地讨论过迈克尔逊－莫雷实验对他后来发展出的"狭义相对论"（Special Theory of Relativity）的影响。但爱因斯坦本人语焉不详，一直到 1916 年他把广义相对论完整推出后，才肯定迈克尔逊－莫雷实验对他发展狭义相对论的重要性。他在 1922 年 12 月 14 日日本京都演讲中亲自叙述过这个关联[4]。公平说来，迈克尔逊－莫雷实验对爱因斯坦相对论的发展有启发第一个灵感的作用。但那只是个起步。爱因斯坦后来发展出的相对论，波涛壮阔，万里宇航，百年后依然历久弥新，就不是迈克尔逊－莫雷实验可望其项背的了。

光子的速度

1905 年，爱因斯坦还在光速和相对速度中痛苦地挣扎着。他当时思维实验中的光源有两类，在此略为说明一下。第一类的光源为光波，也是麦克斯韦电磁波理论的电波。这类波动与光源分离后，频率乘以波长为定数，即速度不会再变动。但观测者可依一定速度和光源接近或分离。接近时压缩波长，频率增加，但速度不变，一般称"蓝移"。与光源分离时，波长被拉长，频率降低，因光速仍然不变，一般称"红移"，都是多普勒效应（Doppler Effect）作用的结果。

　　第二类光源为光子，由光源发射而出，它的速度和光源本身的速度有关，就像前面提到在火车上投棒球一样。对在站台上的观测者，与火车运行同方向投出的棒球速度高，反之，则速度低。

　　爱因斯坦对第一类光源的电波没有太多疑虑，因其光速离开光源后不再变化。从伽利略船的实验来看，麦克斯韦的电磁波理论中，找不出光波速度在每个相对不同速度的坐标中需要变化的蛛丝马迹。但光子的速度就和发射光源本身的速度有关联，如棒球例子。所以，光子速度因与发射光源速度有关，在思维实验中如影随形，如魅附体，正是爱因斯坦痛苦的来源。

　　由于当时柴油内燃机火车已相当成熟，爱因斯坦就用高速火车来进行思维实验。想象两列火车以高速从东、西两方向通过站台，除了每列车上各乘坐一名观测员外，站台上还有一名静止的观测员。两列火车在通过站台上静止的观测员时，把车头灯的光子发射出去。爱因斯坦想，站台上的静止观测员，因东、西两方向的光子皆随火车移动，他量出的光子速度应比每秒 30 万千米高。对列车上两个随之移动的观测员来说，所量出对方的光子速度肯定更高。如果站台上静止的观测员向东发射光子，那往东通过站台列车上的观测员，因与光子同方向移动，量到的光子速度应比每秒 30 万千米低。

　　前面提过，在爱因斯坦御光 10 年的现实世界中，还没有任何实验量到过比以每秒 30 万千米的速度传播或快或慢的光速。尤其是从遥远宇宙传过来的光子，不管它来自于哪一个对地球高速运行的恒星或星系，在地球量到的速度皆为每秒 30 万千米。爱因斯坦就在这个光子速度变化的思维实验中，日夜打滚，百思不得其解，脑袋几乎要炸裂，就是想不通，光速怎能变快，又怎能变慢呢？只能向他最要好的朋友兼同事米歇尔·贝索（Michele Besso，1873 — 1955）诉苦：这条路看来走不下去了，我已绝望透顶，只能放弃。但他和贝索的闲聊，竟然是最后一哆嗦，激发出人类文明历史上可歌可泣的灵感。第二天早上，他兴高采烈地告诉贝索：我完全把问题解决了！（Ich habe das Problem vollständig gelöst.）

Chapter

03

第三章
问题解决了

爱因斯坦是怎么解决问题的呢？他再次以火车为道具进行思维实验：一辆火车停在站台上，车上的观测者甲，面对站台上一名静站的观测者乙。这两名观测者已事先在相对静止状态下把各自携带的时钟归零、校正并同步。这时在站台左右同样距离 10 千米外的上空 A、B 两点同时出现闪电，因距离相等，车上和站台上的甲乙两名观测者"同时"（simultaneously）看到由左右 A、B 两点发出的闪光。

现在让载着观测者甲的火车，以高速由左向右通过站台，在火车上观测者甲面对站台上静站观测者乙的那一瞬间，左右等距离 10 千米外的上空 A、B 两点同时又出现了闪电。站台上静站的观测者乙，与上次一样，同时看到左右两个方向传过来的闪光。但车上从左向右高速移动的观测者甲，会先看到右边（B）的闪光。这是因为在光从 10 千米外传播需要一段短暂的时间，而车上的观测者甲在这段时间内向右移动了一点距离，造成右边闪光只需走较短的距离，就先抵达车内移动的观测者甲；而左边闪光要走较长的距离，晚一点才能抵达车内移动的观测者甲（图 6）。

此实验可简单归纳出以下结论：在第一个静止坐标中同时发生的现象，在第二个匀速移动的火车坐标中，变成了先后发生的现象。换言之，在不同相对速度的坐标中，时间不是绝对的，而是相对的。

就这么一个简单的思维实验，竟然打响了人类有史以来最伟大的科学革命，也向世界宣告，一位千年不遇的天才现世了。

前面提到，在牛顿力学中，时间是绝对的，独立存在于人类熟悉的三维空间之外，"绝对"和三维空间毫无瓜葛，以冷眼旁观者地位，送出下一秒紧跟着上一秒的相同标准时间，滴答滴答不停，以不变的速度，亘古往前流动，提供给三维空间使用。现在爱因斯坦以简单易懂的思维实验，证明时间尺标可因两个三维空间之间的相对速度，把在一个三维空间同时发生事件，变成另一个三维空间前后发生事件。于是，时间在人类的文明历史中，第一次失去了独立的绝对性，开始和有速度的三维空间纠缠在一起

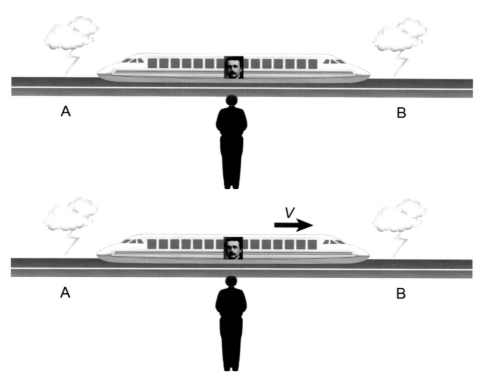

图 6　在第一个静止坐标中同时发生的右左 B、A 两点闪电现象（上图），在第二个匀速移动的火车坐标中，变成了右左 B、A 两点闪电前后发生现象（下图）

了。因为时间和空间纠结出了另一度空间，时间和空间被释放了，皆得到增加的自由度。另外，从前面伽利略船的实验，所有物理定律，在相对匀速的坐标中皆不变，包括牛顿力学、电磁波理论和光学理论和光速等。爱因斯坦就敲定，在他的相对匀速运动的坐标中，光速是电磁波理论中的重要参数，也应不变。而时间和空间可相对伸缩，以维持光速每秒 30 万千米的恒定数值。

　　再说得透彻点，就是在静止坐标中，静止的观测者，量自己坐标中的光速为每秒 30 万千米。这位静止的观测者一转身，看到一个以光速十分之一速度的列车经过也发出光波。静止的观测者，就赶快量了一下在那高速飞行列车上的光速，也是每秒 30 万千米。列车上的观测者也注意到静止观测者发出了一道光，他在高速运行的列车上也测量静止坐标中的光速，也得到每秒 30 万千米。只要每个坐标相对的速度维持不变，我静的量你动的光速，你动的量我静的光速，我静的量我静的光速，你动的量你动的光速，所有都是每秒 30 万千米，皆相同，都不变。没有由以太介质构成的绝对静止的坐标系，所有坐标间皆相互匀速运动，光速在每个坐标中都是每秒 30 万千米，全部一样。十年御光者头痛欲裂的问题，隔夜迎刃而解。

他终于可以从以前搞不清楚光速的光束，安心下马了。

$E = mc^2$

写到这，不得不提一下和爱因斯坦同代的另外两位科学家，亨德里克·洛伦茨（Hendrick Lorentz，1853—1928）和亨利·庞加莱（Henri Poincaré，1854—1912）。早在 1887 年，他们就已发现牛顿的绝对时间有问题，需要修正。但这两位科学家是大佬，无论如何都不肯放弃他们辛苦经营出来的电磁波需要以太传播的包袱。即使两人合作，率先导引出和后来爱因斯坦"狭义相对论"中相同的"洛伦茨时空（spacetime）坐标转移"方程式（Lorentz Transformation），但科学概念基础还是建构在包含以太介质杂质的地基上。终其一生，他们缝缝补补，抱着以太不放，怀憾过世。反观爱因斯坦，比他们年轻四分之一个世纪，才 26 岁，意气风发，要革学霸们的命。他快刀斩乱麻，扬弃以太，认准所有惯性坐标（inertial frame，即无加速度的匀速移动坐标）之间的相对关系和光速恒定两个假设。他将所有革命性的科学概念同时放到定位，即刻组装。爱因斯坦在 1895 到 1905 年间，十年一惑，挣扎苦思，终获全胜。概念想通了以后，仅花了 5 个星期，就把论文写成，为全人类完成一次历史上巨大的文明突破。

非他莫属的伟大作品相对论，"论动体的电动力学"，在 1905 年 6 月 30 日终于诞生了[5]。同年的 9 月 27 日，爱因斯坦又发表了一篇简短的论文，回答他自己的提问："一个物体的惯性，依赖于它所含的能量吗？"（物体的惯性即等于它的质量）[6]，导引出人类有史以来最出名的方程式 $E = mc^2$（论文中的原来方程式为 $m = L/c^2$，后来爱因斯坦以 E 取代 L）。这个方程式只有 5 个符号（symbols），连中学生都能朗朗上口，是跨越人种、文化、政治与宗教的人类智慧镇馆之宝（这两篇论文中所覆盖的所有理论，后来被泛称为"狭义相对论"，Special Theory of Relativity）。

惯性坐标

爱因斯坦的相对论中，第一个重大的假设，就是"相对原理"成立。宇宙中没有一个绝对静止的坐标存在，所有的惯性坐标都相等，人类所知的一切物理定律在其中皆正常运作。

那时代科学大佬们的共识，是光在全宇宙传播，传播就需介质，那整个宇宙一定浸淫在这个介质中，勾引起人类万丈雄心，全力出击，寻找以太，也把爱因斯坦圈入，在光速变化的思维实验中，困惑了 10 年。1905 年 5 月底，他终于看到了漫长隧道尽头的一点亮光。

带来那一点亮光的，就是人类自古以来认为是金科玉律、不可侵犯的时间独立性，开始决堤。仔细回顾，绝对时间的第一道裂痕，竟然是由宇宙没有绝对静止的坐标开始。

爱因斯坦的相对运动没有绝对的参考起点，你静我动，也可看成我静你动，大家都可以静止下来休息一下，欣赏宇宙中不变的物理定律表演，才算公平。

爱因斯坦的相对运动概念，也符合人性社会的需求。早上起床后，以卧室为坐标中心，完成淋浴整梳大事。早餐后开车上班，坐在驾驶座上，以它为坐标中心，估量行车距离，以策安全。进入办公室坐定，开始使用以办公室座椅为中心的坐标，筹划一天的会议地点。中午过后要去外地出差，奔赴机场，通过安检，登机起飞。飞行中，以时速一千千米的速度的坐标观看地面景物，估计落地时间……在这要强调的是，即使不知道爱因斯坦相对论这码子事，每个人每天忙的就是不停地改变所存在的三维空间不同相对速度的坐标，准时和约见人士开会，随时互相同步校对下次碰面的时间和地点。每天的日常生活，其实就是在坐标转移中打滚，各过各的以相对速度运行的空间和时间的生活。

当然，你的数学好，可以硬掰，强用上班前卧室的坐标来形容空服人员以每小时向西 1010 千米的速度从经济舱走向商务舱的动作不是不行，就是太难使用，远不如用和飞机一起移动的坐标来得方便。

更重要的，不管你用的是地面静止的坐标，或是汽车或飞机上快速移动的坐标，你还是你，体重维持在 65 千克，喝进嘴里的咖啡，一咽还是往下流到胃，铆足了劲儿，用网球拍发出的球速，不会因使用不同的惯性坐标而有进步，最快仍为每小时 150 千米。用不同的坐标只是图个方便，其中的人、事、物理、化学和生物等的自然法则，不会因使用不同的坐标而发生变化。

在不同相对运动的坐标系统中，时间失去了绝对性，开始产生变化，但变化的幅度要符合另一个游戏规则，即在每个相对运动的坐标中，光速恒定。

坐标转换

以太介质基本上在 1905 年时已被证实不存在，但当时很多具影响力的科学家仍然保持着模棱两可的态度，不肯将之完全放弃。爱因斯坦则不然，斩钉截铁，毅然决然和以太划清界限，同时抛出他的相对论的第二个重要假设，光速恒定。

爱因斯坦用很简单易懂的思维，把光速恒定的假设放进每个相对运动的坐标中。想象在每个坐标原点，发出一束光，一定时间后，光以匀速传播到空间的某一点，那一点和原点间的距离，就是恒定的光速，乘以那个坐标中使用的独特时间度量。每个坐标有每个坐标不同的时间，但时间的滴答滴答的起算点，是在每个坐标分别以不同速度分离前，同时在起跑线上同步归零校正后才开始计算。

　　而每个坐标中的时钟同步归零校正，正是爱因斯坦的专长。一般人心疼爱因斯坦，总觉得他出道前找工作困难，最后为五斗米折腰，只能接受一个瑞士公务员三等专利审核员职位。不过，这份工作虽然工资微薄仅够糊口，但也给了爱因斯坦一个别人难以得到的机会。当时欧洲各大城市林立，火车交通便捷，工业发达，急需全欧统一的计时标准。纵使瑞士以钟表业闻名于世，做工精细计时准确，但每个城市有每个城市独立操作的时钟，即便出自同一厂家，出货前皆同步正确校正无误，一旦滴答滴答久了，难免受温度、湿度、气压与人为等因素的影响而产生误差。火车的行车速度快，站与站之间的时间不能有误差，于是远距离钟表同步校正技术应时而生。爱因斯坦身为三等专利审核员，前后接到数十起这类专利申请，有的甚至利用以光速传播的电磁波讯号作为欧洲各大城市时钟校正的主要技术。所以，别以为爱因斯坦只是个三等专利审核员，谈到以电磁波进行时间校正的技术，他可够资格称得上是世界顶级专家，这一点对他发展相对论的思维实验大有帮助。

　　光速恒定的物理概念是爱因斯坦相对论的出发点。在每个惯性坐标中维持光速恒定，则需要以强大的数学力量去执行。学物理专业的，第一个有关相对论课程的家庭作业就是要证明四维时空中两点间的"距离"的数学方程式（即光速在每个惯性坐标中皆为恒定的数值 c），不管以"t，x，y，z"还是以"t′，x′，y′，z′"的"直角坐标"（orthogonal cartesian coordinate）表示，经过"洛伦兹（时空坐标）转移"前后，它的数学形式不变，完全一样。图 7 是作者的计算。图中左上角的框框中就是爱因斯坦使用的"洛伦兹

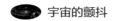

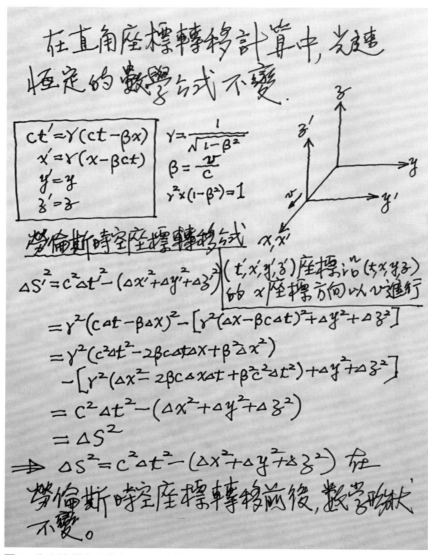

图7　作者使用左上角方框中"洛伦茨（时空坐标）转移"方程式，计算在两个惯性时空"直角坐标"中表示两点间距离（或光速 c 在惯性坐标中恒定）的方程式皆为倒数第三行表示的形状，没有变化［注：本图中的"劳伦斯"为"洛伦茨"（Lorentz），翻译不同］

（时空坐标）转移"方程式，在此 x'的坐标以 v 的速度沿正 x 坐标方向移动，y'与 z'两方向和 y 与 z 两方向相对速度为 0，c 为光速。爱因斯坦在参考资料［5］中以高中程度的代数，又重新导引了"洛伦茨（时空坐标）转移"方程式，简单易懂。计算结果，在转移前后两个坐标中表示四维时空中两点间的"距离"的数学方程式形状皆为 $\Delta s^2 = c^2 \Delta t^2 - (\Delta x^2 + \Delta y^2 + \Delta z^2)$，如图 7 显示，维持原形（如倒数第三行）没有变化（invariant）。

爱因斯坦的相对理论就是时空坐标不停转移的物理理论。坐标转移只是为了数学上的便宜，但对在每个坐标中要表达的数学公式，转移前后皆得维持原来的数学形状不变，才算转移成功。图 7 使用的"直角坐标"是最简单的计算。

在没有引力场的情况下，这类数学方程式形状"不变"（invariant）的计算还算简单。因本书在以后章节，要谈到很多在引力场时空坐标转移时方程式"不变"的要求，需要使用很多深奥的数学技巧，爱因斯坦本人也投资了近 3 年的时间才学会，就在此先以这个最简单又明显的图 7 例子，来说明洛伦茨（时空坐标）转移时方程式"不变"的数学意义。

总而言之，光速恒定，每秒 30 万千米，放之于每个相对运动的惯性坐标中皆准。这个光速恒定，解决了爱因斯坦 10 年的困惑，也把他从火车发射光子速度变化的思维实验的噩梦中释放出来。

Chapter

04

第四章
时光机

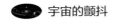

爱因斯坦在 1905 年 6 月 30 日发表的"论动体的电动力学",是他的相对论中最精华的部分,然而其所用数学非常简单,尤其是惯性坐标转移的计算,高三程度的学生就能看懂。在爱因斯坦相对论的两个假设的前提下,一个三维坐标中使用的时间,转换到另一个相对匀速运动的新坐标时,就和坐标中的空间坐标混合在一起了,即时间中有空间,空间中有时间。至于相互间混进多少比例,则要看新坐标移动的相对速度和光速比较起来有多快。

在这篇论文中,世人最感兴趣的就是:爱因斯坦能以惯性坐标之间的相对速度调整时光流逝的快慢。2000 多年前,秦始皇帝派徐福带领童男童女各 500 名,入东海寻求长生不老仙药未果,徐福最后避难东瀛三岛。爱因斯坦接在徐福之后,仙药没找着,却找到了时光机,一样能完成秦始皇长生不老的梦想。爱因斯坦发明的这架时光机器,是人类有史以来最神奇的智慧结晶。仅用下面例子,简要说明爱因斯坦时光机的操作方式。

时间膨胀、长度收缩与质量增加

人类在 2004 年发现南鱼座(Piscis Austrinus)中的最亮一颗星北落师门(Fomalhaut)有行星出现踪迹。经过 4 年追寻,在 2008 年 5 月,人类终于首次直接看到由这颗星的行星发出的光,先命名它为 Fomalhaut-b,后以阿拉伯 / 希伯来的闪语,命名为"鱼神"(Dagon)(见图 8)。

"鱼神"的质量可能和太阳系的木星相等,距母星北落师门约 177 个天文单位(AU),每 1700 年绕母星一周。(人类从母星被行星掩星后亮度的变化,已侦测到近 4000 个太阳系外行星的存在,其中近 10 个属直接观测到的一类,而"鱼神"则是最早被发现的。[7])

北落师门位于南鱼座的鱼嘴部位,亮度为 1.2 星等,在地球夜空中的恒星排名第 18 亮,距太阳系 25 光年。如果人类科技能以光速在宇宙中航行,从地球的位置出发,至少费时 25 年才能抵达北落师门。如再计算加速 5 年

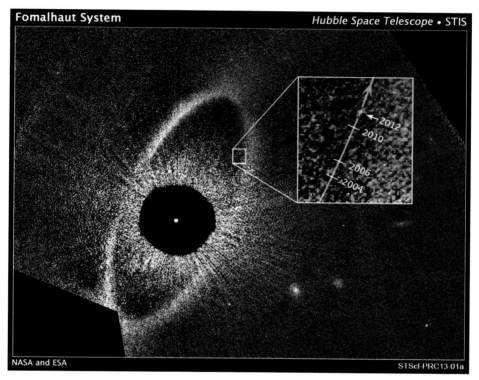

图8 南鱼座中北落师门行星系。右侧放大的小方块中显示"鱼神"从2004年到2012年的轨迹。中央亮星北落师门在图像处理时被遮住，以增加"鱼神"的相对亮度［Credit: NASA, ESA, and P. Kalas（University of California, Berkeley and SETI Institute）］

减速5年的考虑，单程需35年，来回双程则70年。当然得再提醒一下，这里所用的定时器是安置在地球上的，以人类熟悉的家乡钟表，追踪测量双程旅途所需的时间。

现在有这么一对25岁的孪生兄弟，正值黄金年华，兄长努力打拼，获选为航天员，代表人类出访"鱼神"的行星任务。出发前，兄弟互相准确同步校对彼此拥有的铯原子钟，定下70年后之约，不见不散，答应对方，见面前谁都不能先死。

兄长准时出发，星际航舰很快就加速到光速的 99.99%，向北落师门快速进发。地球上的弟弟守在他的原子钟前，1 年过去了，10 年过去了，35 年过去了，哥哥已完成一半旅程，弟弟已 60 岁了。40、50、60 年，终于 70 年过去了。他吃得好，运动够，休息足，虽然很健康，但岁月不饶人，95 岁了，手脚已不太灵活，头发银白，仍然盼着兄长的归来。

终于，哥哥的星际航舰准时返航，弟弟接机。宇宙飞船舱门打开的那一刹那间，哥哥出现在眼前，还是像 70 年前别离时的小伙子一样，看起来完全没变。白发的弟弟拥着小伙子哥哥激动得老泪纵横，兄弟终于圆了 70 年之约，又重逢了。

从相对立场来看，以 0.9999 光速飞行的宇宙飞船也可用来作为静止坐标，那弟弟所在的地球就以 0.9999 光速飞离哥哥所乘的宇宙飞船。70 年分离后，应是弟弟颜驻，哥哥老化。这个论点，就是有名的孪生子悖论（Twin Paradox）。这个悖论不成立，因宇宙飞船要经过激烈的加速减速过程，不能和一般在地球上温和的惯性坐标交换使用。

用爱因斯坦的相对理论计算，以光速 99.99% 速度飞离地球的宇宙飞船，船上的时钟移动的速度，比地球上的时钟慢了约 70 倍，即地球时间向前走了 70 年，在星际航舰上的时间仅向前过了一年。从弟弟地球上的坐标看兄长以接近光速运行的飞船，地球铯原子钟滴答了 70 秒，天上的铯原子钟才滴答 1 秒。弟弟也发现，他摸着自己的心脏，算到 70 跳，哥哥在飞船中，心才跳了一次。换言之，以对地球 0.9999 光速航行的飞船中，所有活动，包括机械的，电子的，化学的，生物的，都通通"膨胀"（time dilation，即减慢）了 70 倍。反过来说，把星际航舰上的时间加快 70 倍，就等于地球时间。爱因斯坦把这个倍数，起初以希腊小写字母 β 表示，但后来被统一，以小写的伽马（γ，gamma）命名。

这个伽马，和时间倍数一样，还适用于其他的物理现象上。比如，从静止地球测量以 0.9999 光速运行飞船和其中所有物件的长度，皆"缩小"

（length contraction）了 70 倍。如从地面测量飞船中物体的质量，也都重了 70 倍。

从弟弟在地球上静止的坐标看哥哥高速运行的惯性坐标，时钟龟行的速率和物件长度缩短的幅度成对出现，短的长度除以短的时间，刚好维持光速在每秒 30 万千米的数值上恒定，这原本是爱因斯坦在所有惯性坐标中光速恒定的要求条件。

高速运行中的物体质量增加，是因为速度给物体注入了动能（kinetic energy），通过 $E = mc^2$ 的转换，变成质量。运动中的物体质量增加，不难理解。

所以，这个伽马，是以不同速度运行的惯性坐标之间的一条金链子，连接了时间、长度和质量等好多个重要的物理参数。

写科普文章，不是写科学论文，最好不要用方程式。但有的方程式表达的内涵，可能像贝多芬的《命运交响乐》一样气势磅礴，有时也会令人想看看乐谱本身到底长成什么样子。上面的 $E = mc^2$，虽然是方程式，但它是人类智慧结晶的一颗大蓝钻，有些人把它当成艺术品欣赏。爱因斯坦的相对论太美丽了，除了 $E = mc^2$ 之外，还有好几个其他艺术品级的方程式，包括这条频频出现的伽马，我认为可以和读者们分享一下。

伽马，全部写出来，就是 $\gamma = 1/\sqrt{1 - (v/c)^2}$，在图 7 中也出现过，其中的 v 即为相对于某个静止坐标速度，c 为光速。v 的速度最低为 0，表示 $\gamma = 1$，为最小值。v 最高可达到光速，即 $v = c$，此时 v/c 为 1，$\gamma = 1/0$，1 被 0 除为无穷大。所以 γ 的数值可由 1 一直到无穷大。

高速运动中的物体，从静止的坐标测量，它的长度收缩了伽马倍，而质量比静止质量却增加了伽马倍。我们常说，宇宙中任何物体的速度，绝对不能超过光速，就是因为物体如以光速飞行，它的伽马变成无穷大，造成物体的质量也变成无穷大。即使是一粒小灰尘，以光速运行时，质量也会变成无穷大。宇宙中没有无穷大的力量，去推无穷大的质量，以光速飞奔。所以物体的速度，不能超过或等于光速，但可以比光速小而无限地接近光速飞行。在一个条件下，物体能以光速飞行，就是所有物体的质量，通过 $E = mc^2$，完全变成纯能量后，即可以光速飞行。物体发出的物理信号，如热辐射是电磁波，也为纯能量，皆以光速传播。

当然，每个坐标都可自认为是静止的。但一旦某个惯性坐标被公认接受为静止坐标后，譬如前文提到的以弟弟所处的地球为中心的静止坐标，所有其他的惯性坐标就全都要以它为参考静止坐标，决定出对其的相对速度 v。再强调一次，每个坐标在预备起时，爱因斯坦都已把每个钟表同步校正归零。每个惯性坐标出发时，都携带着这个同步校正过的钟表，在以后速度为 v 的惯性坐标中使用。

表 1　不同速度惯性坐标伽马数值

惯性坐标相对速度（以光速为单位）	伽　马
0.01	1.0001
0.10	1.0050
0.50	1.1547
0.75	1.5119
0.90	2.2942
0.99	7.0888
0.999	22.3663
0.9999	70.7124
0.99999	223.6074
0.999999	707.1070

注：伽马的最后一位数，四舍五入。

表 1 中列出不同速度惯性坐标伽马数值。人类目前的科技，连表上最小的 0.01 光速都达不到。在大气中，音速每秒 343 米，约为光速的百万分

之一，算出伽马，为 1.0000000000005。20 世纪 50 年代，人类突破音障，进入超音速时代。在低地球轨道运行的卫星，以 25 倍音速飞行。"航海者号"（Voyager），经过 40 多年的引力助推加速，目前以相对太阳 50 倍的音速脱离太阳系，伽马数值为 1.00000000126。人类创造出速度最快的飞行物体为"朱诺女神号"（Juno），2011 年 8 月 5 日发射后，经过一次地球的引力助推加速，以相对地球约 215 倍的音速，于 2016 年 7 月 5 日飞抵木星，目前正在木星轨道上执行为期 20 个月的科学任务。215 倍音速约为光速的 0.0002454，算出的伽马数值为 1.00000003010。即使跟着"朱诺女神号"以最高速度航行一辈子，就算 100 年，再回到地球，寿命只增加了 9.5 秒，但身体遭受百年宇宙射线的轰击就不知要折寿几年了。

　　爱因斯坦长生不老的时光机是锁在高速飞行的科技中。从理论上预测，人类在未来应能掌握物质－反物质效率 100% 的推进技术，再给予长时间 10 年、20 年的加速，几乎没有道理发展不出接近光速飞行的能力。假如未来人类一旦能以 0.999999 的光速飞行，以表 1 的伽马估计，天上一年，地上 707 年，从地球静止的惯性坐标向飞船望去，星际航舰在宇宙以近光速航行了 700 光年，航天员才长了一岁。如航舰组员寿命正常，他们可巡航近万光年的银河系空间，拜访成百上千的太阳系外的行星系，甚至有机会和外层空间文明世界接触。

　　这是爱因斯坦 1905 年的相对理论带给人类对时光机的浪漫想象，比《侏罗纪公园》（Jurassic Park，Michael Crichton，1990）更贴近科学，未来可能实现。

　　爱因斯坦的时光机引出了一个深沉又难以回答的问题，即为什么光速被限制在每秒 30 万千米这个数值上？光速为什么不能每秒 15 万千米或 60 万千米？甚至每秒 300 万千米或更快？

　　每秒 30 万千米的光速是观测到的数据，绝对正确，宇宙没有下套欺骗人类。光也不需要在介质中传播。于是爱因斯坦以这两项观测数据为栋梁，发展出了狭义相对论，设计出时光机。惯性坐标的相对速度 v 可向光速无限靠近，它的伽马值越来越大，也向无穷大的方向接近。

伽马值接近无穷大，即表示以接近光速运行的惯性坐标，从静止的地球看过去，时间向慢到凝结不流动的方向靠近。结论：以光速运行的惯性坐标中的时间，从静止的地球位置观测，时间为静止不动。即地球时钟滴答百万年，天上时钟滴答零秒。

现在再回来检查速度。人类对速度的概念是距离除以时间。从地球看以光速运行的宇宙飞船，它还是往前飞行一段有限距离，但时间已停止为零。有限距离除以零时间，得无穷大。

所以，以光速飞行的宇宙飞船，它的速度也可以计算成无穷大。因为在以光速运行的坐标中，时间停止流动，从空间的 A 点到 B 点，不管距离多远都不需时间，立即抵达。当然这个又是光速又是无穷大速度的结论，可以看成是一个矛盾现象。解决矛盾的方法，就是宇宙飞船不能以等于光速的速度飞行，但可以无限接近而小于光速移动。

我们的宇宙，光速每秒被限制在不多不少刚好等于 30 万千米这个数值上，非常神奇，是属于人类知其然而不知其所以然的那类物理常数。目前科学家常以"人本原理"（anthropic principle）来解释我们居住宇宙中许多神奇的物理常数。但从"多重宇宙"（multiverse）的观点看来，每个宇宙的物理常数不尽相同，这类理解也未免沦于主观和牵强。[21]

诚实的说法是，人类对光速和如万有引力等其他几个关键的物理常数的来源和起源，尚无满意的解答。

爱因斯坦以惯性坐标间的相对速度的不同，把牛顿认为神圣不可侵犯的"绝对时间"，像橡皮筋一样，玩弄于股掌之间。但爱因斯坦控制时间的变化还有另外一件法宝，也可将时间伸缩自如。这类时光机，内涵要比以单纯调整速度设定的概念复杂，得与引力场挂钩，在第六章"等效原理"中再谈。

Chapter

05

第五章
最幸运的思维

爱因斯坦 1905 年的两篇相对理论的论文，后被中文世界翻译成"狭义相对论"，以期和他在 1915 年发表的"广义相对论"，组成有如中文对仗工整的上下联。"狭义"的原文，起源于"Special Theory of Relativity"中的 Special，挑明理论仅适用于一组"特殊"加速度为"零"的相对运动的惯性坐标。理论第一次打破人类绝对时间概念，高速运动惯性坐标系统中时间变慢、物体长度收缩、质量增加，以及能量和物质以 $E = mc^2$ 方程式相互转变。理论也处理了麦克斯韦的电磁波在惯性坐标中的物理现象。从目前对宇宙膨胀速度的观测，宇宙的平均密度接近临界密度，为 $9.47 \times 10^{-30}\mathrm{g/cm^3}$，即每立方米仅分得到约 5 个氢核子（质子）。在这么一个物质稀薄、引力场微弱的宇宙空间，物体、粒子和光子等在宇宙中长距离奔驰，"狭义相对论"已经相当好用。理论在宇宙中使用的范围，以体积比例估计，几乎可达 99% 以上。

仔细审思，"特殊"之意浓厚，"狭义"内涵薄弱。"狭义"两字的使用，不精确，有很大斟酌的空间。

一鸣惊人

爱因斯坦在 1905 年，从瑞士一个三等专利审核员的办公室，一共写出了 4 篇惊世论文，开创了光子量子学，解释了布朗尼运动（Brownian motion）、间接证实了原子的存在，颠覆了古典的时空概念，又发明出一条人类有史以来最出名的方程式，$E = mc^2$。爱因斯坦当时有点踌躇满志，意气飞扬，但他绝对没有料到，论文发表后，迎接他的却是冰冷的沉默。

当时欧洲的学术界的确被这 4 篇论文搞糊涂了。不讲别的，只说，怎么这些掷地有声的论文，竟然出自一个名不见经传的小公务员？这小子能这么高分贝地继续搞下去吗？学术界采取且慢响应，先冷处理一阵子再说。

实际情况大不然。相对论两篇论文，投稿后马上获得当时欧洲学术界泰斗马克斯·普朗克（Max Planck，1858—1947）个人的密切关注。论文发表后，他并未先与爱因斯坦接洽沟通，即亲自在学术重镇——柏林大学，以演讲方式广为宣扬，力挺相对论。他自己也积极加入时空研究工作中，在 1906 年春季，对应的论文即已发表。

所以，对爱因斯坦论文的反应，多不如精，有了普朗克全力支持，爱因斯坦朝学术巅峰攀登的旅程开始了。

但到了 1907 年的 11 月，爱因斯坦对他的惊世创作开始不满，原因有二：第一，狭义相对论只适用于一组特殊的惯性坐标，彼此间以不同的匀速运动数值区别。宇宙中虽有广大地盘远离物质，引力场极其微弱，但一到了群星聚集的星系，物体呈现加速或减速现象，惯性坐标就不适用了；第二，他狠狠地批判了牛顿力学绝对时间概念的缺陷，但他的理论却连牛顿万有引力的影子都没有，讲得过去吗？

爱因斯坦相对论中因有光速恒定的条件，任何物体和讯息的传播，已如前文解释，不能比光速快。牛顿力学中两个物体间的引力，需要有两物体的存在。如其中一个物体突然挪了位置，牛顿力学的反应是第二个物体也"即刻"（instantaneous）调整位置。"即刻"表示讯息的传播不需要时间，传播速度无穷大，超过光速，违背了狭义相对论的核心概念。以爱因斯坦理论立场角度，牛顿力学有修正的必要。

牛顿力学在低速弱引力情况下使用看不出问题。牛顿虽然做了很多光在棱镜中的分光散射实验，但是他对光和电磁波的基本物理性质理解薄弱。更何况当时他绝对没有超强引力"黑洞"概念。他的理论是个粗糙的近似理论，不能简单地以"错"字形容，但需要大幅度地修正。

牛顿力学引力挂帅，加速度领军。要修正牛顿力学，爱因斯坦就得要使惯性坐标动起来，开始加速。惯性坐标该如何加速，或是如何挪到星体产生的引力场中使用，到了 1907 年 11 月，概念像十年御光一样又走到了思维枯竭的边缘。

但是很快地，爱因斯坦向朋友报告，他又经历了一次解决问题灵感的

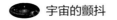

"人生最幸运的思维"（der glücklichste Gedanke in meinem Leben，the happiest thought in my life）。

电梯思维实验

爱因斯坦每天坐在他的小办公室内，常面对着对面的高楼，利用审核专利案件之间的空闲时间，想他自己物理问题。据说有次一位维修工人坠楼事件给了他灵感：如果有一个人，从对面高楼的阳台跳下来，他就会以9.8米二次方秒的加速度坠落。在坠落过程中他应是自由落体状态，身体承受的引力场的作用力为零；如果此时他掏出口袋中的瑞士金属小刀，木制烟斗，棉质手帕等物件，松手，这些物件不离不弃，不快不慢，会紧跟着他一起往下掉。如在此时，用一个电梯间把他严实密封包住，与外界视觉隔离，看不到楼一层层地从他眼前经过，他就只觉得飘浮，再也没有坠落的感觉了。（物理学家做这类思维实验，使用的楼房无限高，跳楼者永远在自由落体状态，打包票绝对碰不到地面。）

更厉害的，如果此时把他移到极深的宇宙中，与所有星体距离遥远到完全没有引力场的空间，他的感觉和在引力场中自由落体的情况完全一样，在空中浮着，察觉不到与其有任何区别。在没有力量加身的情况下浮着不动，这不就是伽利略船中没有加速度的惯性坐标了吗？那花了10年心血发展出来的所有狭义相对论的理论，不是也可以在这类的坐标中使用了吗？这类坐标和自由落体中的坐标无法区分，所以，狭义相对论的理论也一样可以在有引力情况下的自由落体坐标中使用。

但这个思维实验还没做完。

跳楼人现在已被移到宇宙深处，密封在电梯间内，离所有星体好几千万光年，保证引力为零，脚沾不到电梯的地板，手碰不到天花板，只好在电梯空间浮着。现在电梯开始以地球引力场的1g加速，电梯漂浮的跳楼者双腿马上被一股力量拉直站立在地板上，感觉就好像站在地面上一样。他把口袋里的小刀、烟斗、手帕等物再掏出来，松手，这些东西就像在地球上一样，往地板方向掉。他看不到外面景色，不知道他已被移到宇宙深处。他不知道，也无法区别，他到底是在以 1g 加速度的状态，还是在地球引力场中静止不动状态。一动一静，我们旁观者看得很清楚，但此刻密封在电梯中的跳楼者分辨不出。

爱因斯坦在这个一连串的思维实验中，检查和归纳出 3 类不同的物理现象：

1. 在地球引力场中，所有物体，包括人、小刀、烟斗、手帕等，不管它们的密度或组织成分如何，皆以相同的加速度坠落（假设无空气阻力）；

2. 在极深宇宙引力场强度为零的环境下，浮着不动，无法和在有引力场自由落体情况区别；

3. 动的加速度产生的引力场效果，无法和静的星体产生的引力场区别。

在这 3 类物理现象中，我们用"相同"或"无法区别"的字眼来形容。从物理学角度考虑，"相同"或"无法区别"的物理环境，就应该是相等的物理环境。在相等的物理环境做实验，所有的物理定律就应产生相同的物理现象和数据。

这 3 个思维实验，很快被爱因斯坦提升到等效原理（The Equivalence Principle，EP）的高度，成为广义相对论的理论基础，也像御光者十年一惑一样，解决了加速度坐标处理方法问题，打开了爱因斯坦未来 8 年引力场相对论艰苦研究的道路。

但这些初期的思维实验的确略为粗糙，最明显的缺陷是没有考虑实验中的物体大小，也就是实验室体积大小。现在就以上面归纳出的第 3 项为例解释一下。这个思维实验，一般被称为"爱因斯坦的电梯"（Einstein's elevator，见图 9）。

电梯在地球表面静止状态，电梯内的人感受 1g 的地心引力作用。在深

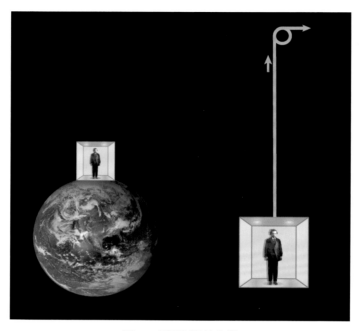

图 9　爱因斯坦的电梯

宇宙星体引力场为零的空间，电梯以 1g 向上加速，电梯内的人同样感受 1g 的引力场，与在地球表面静止状态电梯中无区别。但仔细观察在地球表面静止不动的电梯，因它有一定的体积，造成整个电梯的实验空间中的地心引力值分布不均匀，即电梯左、右两侧离地球中心比中间部位较远，引力场就比较弱。电梯内的人也有高度，使头顶部位感受的引力场比双脚部位的数值低。球形星体引力场不均匀的分布，传统以引力梯度（gravity gradient）或引力潮（gravity tide）来称呼。而在深宇宙无星体引力场以 1g 加速的电梯，所有被电梯包容的空间，皆感受完全均匀的 1g 引力，没有左右上下不同部位的差别。所以，如果要图 9 左、右两情况有相等的可能，电梯的体积就得缩小，缩到要多小就有多小，一直达到微分数学中极微小（infinitesimal）的地步才行。其实到了极微小地步，只是把图 9 左和右小图之间的实验环境误差降到最低，但永远无法降到零。

无法把误差降到零，受制于拓扑学的限制。从月球看地球，地球是圆的，但是我们每天生活的环境，好像都是平的。看来是平的是因为我们生存的空间与地球比，小了很多。一段很微小的圆形弧度，看起来好像是平的，也可再缩小，使它更平，但它永远拥有它拓扑学上赋予的骄傲曲度，永不是平的。

球形和平面有如阴阳两界，生死不相往来。这就是爱因斯坦电梯等效思维实验痛苦之处，误差再小，也永远存在，是一个永远无法弥补的缺陷。

所以爱因斯坦的思维实验，在更深层的拓扑数学的指导下，实验电梯得无穷缩小，皆以"局部实验"（local experiment）字眼形容。

还有两个重要物理概念要提一下。第一，爱因斯坦的广义相对论和牛顿力学对能量的计算，大不相同。牛顿的万有引力因星体的存在而存在，他的引力场只传递引力，但引力场中没有能量。爱因斯坦的引力场不然，他的引力场也是能量储存的空间。根据 $E = mc^2$，能量也是质量。近代天文观测，有些脉冲星的引力场超强，它的有效质量，相当比例是分布在引力场能量之中。脉冲星 PSR J1903 + 0327 就是个例子，它的 15.3% 质量是分布在它的引力场中。这类星体，是以引力聚合而成，一般以"自引力体"（self-gravitating bodies）称呼。做个比较，我们人体是以分子间化学键的静电力结合而成，如不嫌拗口，人体就可以称为"自（化学键）电力体"。第二，人类目前的理解，宇宙中有 4 种力量，电磁力、弱核力、强核力和引力。前三种力量，是凝聚我们日常生活中所熟悉物质的力量，皆比引力要强亿亿亿倍以上（$10^{25} \sim 10^{38}$ 倍）。像上文提到的"自引力体"，需要极大的质量力量才能显现出来。电磁力、弱核力和强核力，在"大统一理论"（Grand Unified Theory，GUT）下，已可合并为一，只有引力还逍遥在外，尚未归队。物理学家正在积极发展"超弦 M 理论"（superstring M theory），企图以 11 维时空，将其与其他 3 个力量归纳在同一理论旗帜下。这些理论太深奥，在此只点到为止。

Chapter

06

第六章
等效原理

以爱因斯坦的思维实验为参考基础，几代物理学家再接再厉，整理出三条结构比较严谨的"等效原理"：

1. 各类不同密度的物体，在相同的引力场中，皆以等值的加速度坠落。

下文会谈到，因为自由落体加速度数值只和星体如地球的质量成正比，和一个物体本身的质量无关。所以小刀、烟斗和手帕等应以相等的加速度自由落体。这个等效原理还特别声明，这里提到的物体内部结构，只涉及电磁、强和弱核力，不涉及引力。这是思维上最简单的等效原理，就被冠以"弱等效原理"（Weak Equivalence Principle，WEP）。

2. 在自由落体实验室中所做的非"自引力体"的"局部实验"，其结果与实验室本身的速度和它的时空位置无关。

这个等效原理标明只适用于非"自引力体"的局部微小体积实验，实验物体不包括脉冲星"自引力体"一类的星体。"局部"密封的实验室本身的自由落体速度，在极强的引力场中可能很快，但也可能是在深宇宙空间静止不动，因密封安排，两种情况所存在的实验室外的时空位置，在实验室内无法区别。在这个物理环境下，当然也可以做加速度的实验，其结果和在静止状态下的引力场实验无法区别。它和上面的"弱等效原理"一起使用，被命名为"爱因斯坦等效原理"（Einstein's Equivalence Principle，EEP）。

3. 在自由落体实验室中所做的"局部实验"，其结果与实验室本身的速度和它的时空位置无关。

这个等效原理取消了"爱因斯坦等效原理"中的"非自引力体"字眼，标明它适用于所有种类物体，包括"自引力体"在内。"自引力体"的部分质量分布在引力场能量中，如使用它在自由落体实验室中做"局部实验"，它对等效原理的要求最严格。所以，它和"弱等效原理"合并使用，就被命名为"强等效原理"（Strong Equivalence Principle）。

"等效原理"的思维，暗藏着宇宙最深沉的奥秘，在这再花些笔墨，把它说清楚一点。

　　爱因斯坦的思维实验以人跳楼开场。他为了推进物理进展而不得不用这个最容易取到的例子。爱因斯坦的德文原文 glücklichste，应是"最幸运"的含义，但译成英文，就变成 happiest，"最快乐"了。物理学家一般性情温和，悲天悯人，但就是比较没时间去发展情绪智商（EQ），思维实验中经常使用亲戚家人当道具，也经常把女朋友往"黑洞"里丢做实验，自己在旁做实验记录者。虽然像跳楼一样，物理学家永远不会让女朋友最后撞上黑洞的奇异点（singularity），但女朋友一通过"视界线"（event horizon）就生死殊途、一去不归了。做这类思维实验，绝对不会给人"最快乐"的感觉，"最幸运"较恰当。

　　爱因斯坦的不同面目的等效原理出笼后，引出了更多的思维实验和严肃的批判。他的等效原理在广义相对论中使用，的确是顶呱呱。但也遗憾地再说一次，由球形星体引力场的引力梯度引出的无法弥补的缺陷，用极微小实验体积可将这个缺陷缩小，可惜永远无法根除。

　　但静下心来仔细分析，各个版本的等效原理，表面上因使用的实验物体有差别，表述的文字各不同。但 3 个等效原理皆需包括"弱等效原理"，追本溯源，它们都应和同一源头有关，即引力质量（gravitational mass）和惯性质量（inertial mass）相等。比如在地球表面，一个人站着不动，但因有质量，就有一个力量加于他身，就是一般讲的引力。使这个引力存在的质量，就叫引力质量。但如果这个人跳楼，地心引力会使他加速自由落体，他动了起来，这个动中的质量，叫惯性质量，或加速度质量。在牛顿力学中，加速度质量和引力质量完全相等。一个静止中的引力质量，和一个以加速度自由落体动的惯性质量，在深层的物理世界存在，本是风马牛不相及的两个物理参数，但它们现在竟然奇迹般似地完全相等了。两个质量的永远相等，一定有比奇迹更深奥的意义，只是人类不懂，只好在无奈叹息中赞赏。

　　更难以想象的是动的加速度物理环境和静止的引力场物理环境完全等效。这也就是说，在等加速度坐标系统中所有的物理定律、实验和现象，与在等值引力场的坐标系统中的表现完全相同。这一静一动的等效，该是爱因斯坦相对理论中最神奇的部分了。

三类等效原理叫什么名字不重要，理解它们的物理内涵和应用的范畴才是用功使劲儿之处。

电梯里的光

在我的职业生涯中，见到最容易理解的有关"爱因斯坦等效原理"应用的思维实验，可简单叙述如下：假设在一个引力场为零的宇宙空间，安置一个 30 万千米长的电梯，严实密封，与外界无视觉沟通。电梯中有两个完全同时校对归零的时钟，分别置放于电梯最顶部和底部。电梯中有两个人，先碰面商议，决定一人到电梯顶部位置，每隔一秒钟发射一次电波信号，另一人在电梯底部位置，接受每秒一次的重复电波信号。实验开始前，先从电梯顶部每一秒钟间隔发出电波信号，确认是每隔 1 秒在电梯底部正确地接收到信号。信号检验无误后，这架 30 万千米长的电梯整体先开始沿着电梯长度方向以匀速度运动，电梯顶部每隔 1 秒钟发出一个信号，电梯底部每隔 1 秒钟接到一个信号。现在电梯整体开始沿底部向顶部方向定值加速，顶部发出第一个电波信号，电梯底部接到第一个电波信号，按下马表，开始计时。电梯继续定值加速上升，顶部 1 秒钟后，按预约再发出第二个电波信号。电梯底部接到第二个电波信号时，检查时间，离第一个电波信号竟然小于 1 秒。电梯继续定值加速，1 秒钟后，电梯顶部送出第三个电波信号，电梯底部收到信号，检查，离第二个电波信号仍然同值小于 1 秒。电梯顶部再发每秒间隔的信号，电梯底部继续接收信号，仍然同值小于 1 秒。顶部再发，底部再收……

在这个思维实验中，使用的电梯特别长，光从顶部到底部的传播时间为一秒整数，形容起来较容易。另外，定值加速度的大小要适中，不必太快，如果快到一下子就加速到光速，实验就进行不下去了。定值加速度数值，只要大到能把在电梯底部接收的两个信号间时间的间隔和一秒有明确的差异就行了。

　　从物理角度来看，电梯顶部第一个信号发出后，因电梯向上加速，缩短了第二个顶部信号发射位置和底部信号接收位置间的距离，对电梯底部信号的接受者，第一和第二两个信号中间的时间间隔显然小于 1 秒。而第二和第三信号间隔，因电梯不停地定值加速，电梯底部接收者的信号间隔就仍然小于 1 秒。至此为止，道理清晰易懂，没什么了不起。

　　现在让我们引进"爱因斯坦等效原理"，因动的加速度和静止不动的引力场具有"等效"作用，这个思维实验就可以叙述成"时间在引力场中变慢"，这可就是一个令人震惊的结论了！

　　如将这个思维实验延伸到黑洞巨大的引力场中，时间的流动就可能慢到将近凝结，又是个天上黑洞一天，人间地球万年的奇景。但黑洞的生活条件恶劣，绝对称不上世外桃源，更和天堂沾不到边。

　　爱因斯坦的相对论真神奇。前文提到他能用以不同速度运动的惯性坐标制造出"时光机"，现在他又能通过"等效原理"，在引力场中，把玩时间变化于掌股之间。爱因斯坦的确把牛顿认为绝对不变固若金汤的时间吃透了。

　　在引力场中时钟比没有引力场或弱的引力场中的时钟走得慢，还有一个容易延伸的思维实验。现在从地球发光波到月球。因光波速度恒定，即频率乘以波长为每秒 30 万千米。相对月球，地球的引力场较大，时钟相对走得慢，在地球滴答 1 秒的时间，在月球上的时钟就得滴答滴，超过 1 秒。光的频率是在 1 秒钟内光波振动次数，在地球上量，每 1 秒内所包含的振动数目，就一定比月球时钟 1 秒钟内量出的振动数目高。所以，从地球送出的光波频率在抵达月球时会变低，其波长变长，以维持光速恒定。换言之，光波在努力爬出较强的引力场时就发生了引力红移（gravitational redshift）现象。图 10 以强大的太阳引力场和较小的地球引力场为例，示意光谱由蓝转

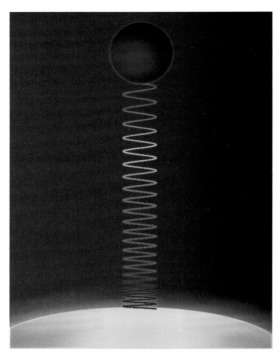

图 10　以强大的太阳引力场和较小的地球引力场为例，示意光谱由蓝转红的变化
（Credit: GNU Free Documentation License）

红的变化。

　　在加速的电梯中还可做另一个思维实验。从加速中的电梯左方墙壁射出一束激光。光离开左墙壁后，因电梯加速上移，等光抵达右边墙壁时，位置应低于左边墙壁激光发射点。再往深挖掘一下，我们也会发现，光从左到右传播的轨迹，是一条弯曲的抛物线。再引进爱因斯坦的等效原理，加速度就是引力场，所以，光也应会被引力场弯曲，又是个神奇到石破天惊的结论！（同样实验也可以在匀速运动中的惯性坐标中做，光从左到右抵达右墙时，也是位置比左墙低。但光在这种情况下走的是直线，没有加速度的参与，和引力场挂不上钩，用不上等效原理，不能延伸到引力场环境。）

爱因斯坦在广义相对论中预测并计算出太阳引力场对星光弯曲的幅度，在 1919 年的日全食观测中被证实。也因这个预测被证实，全世界媒体把爱因斯坦捧成自有人类以来最伟大的天才。我也自认幸运，有缘和这位天才在这个地球上同时生存过。

等效原理实在是太神秘了，广义相对论在这个原理的地基上，建成了人类智慧的宝殿。每代的物理学家并不完全放心，不停地问，地基稳吗？等效原理会出偏差吗？所以人类总是用最先进的科技，不遗余力地检验等效原理的正确性。

检验等效原理

其实在日常生活中，每个人都曾经错误地认为，重的物体因它重，就一定会比轻的物体掉得快，先着地。听听看，连着地的声音都比较大哦。

据说伽利略也和我们一样好奇，在比萨塔做过球形炮弹和木球自由落体实验。阿波罗任务中的航天员，也在月球表面真空环境做过铁锤和羽毛坠落的实验。1990 年，我负责的基础物理项目，与欧洲航天局（European Space Agency，ESA）合作，发展"卫星检验等效原理"实验（Satellite Test of Equivalence Principle，STEP），4 对不同金属材料物体，如铍和铂、铝和金等，以液态氦超流达到最低等温，置放于地球轨道自由落体一年。这就像使用一个上亿千米长的比萨塔，进行等效原理实验，实验精确度可达 100 亿亿分之一（STEP 目前尚未上天）。2016 年 4 月，法国太空署送上去一个简易的卫星（Microscope）检验等效原理实验，只用一对铂和钛金属材料，没有低温减低热噪音装置，直接使用环境温度。以 2017 年年底前收集的数据为依据，证实此实验精确度已达 1000 万亿分之一（10^{-15}），等效原理依然成立。

在地球轨道做这类等效原理实验费用高昂，动辄上亿美元，对纳税人是个沉重的负担。

在地面以扭转平衡仪（torsion balance）检验弱等效原理，已精确到 10 万亿分之一。使用阿波罗时代在月球留下的激光反射镜，测地球和月球两个天体在太阳引力场自由落体的差异（Lunar Laser Ranging，LLR），也可达到相同精确度。目前以激光干涉（laser interferometry）技术，精确度理论值可达 100 万亿亿分之一（10^{-22}）。

有关这 3 个等效原理可能被推翻的理论，已多到百家争鸣的地步。这些理论皆牵涉到深奥的物理，诸如第 5 个力量（axion）的存在、"精细结构常数"（fine-structure constant）和万有引力常数（gravitational constant）等的变化。每个理论都针对着某个等效原理而来，但它们还都在象牙塔中的胚胎羊水孕育期中。

爱因斯坦的相对论是人类智慧的瑰宝，它奠基在等效原理的基石上。人类的两大理论，量子力学和相对论，一个以测不准原理（uncertainty principle）和波粒二元性（wave-particle duality）领军于微观世界，一个以引力的等效原理挂帅于几乎无穷大的宇宙。但到目前为止，它们没有交集的地段，你走你的阳关道，我过我的独木桥，给人类带来了智慧上的精神分裂症。

但是 21 世纪的人类，已经看清楚在宇宙的自然天体中，量子力学和相对论，在黑洞中互融为一体，你中有我，我中有你。更厉害的，其实已达到二尊一体地步，你就是我、我就是你的最亲密的涅槃世界。

暗能量和暗物质出现后，检验等效原理的正确性更是刻不容缓。人类的前沿科技目前已达到 99.99999999999999999999% 的精确度 (22 个 9)，但要付诸实践，尚需数 10 亿美元仪器发展经费。

如果有朝一日，等效原理被实验数据推翻，爱因斯坦的相对论就会像牛顿力学一样，沦落成粗糙而不精确的理论，人类的物理就会更上一层楼，对宇宙的理解也就发生了天翻地覆的变化。

Chapter

07

第七章
黎曼流形

虽然狭义相对论只在相对以匀速度运行的惯性空间使用，但在概念上，并不能阻挡它也应用在加速度的空间。比如从一个自认是静止坐标中观测另一个以 0.9999 光速运行宇宙飞船上的时钟，它的指针移动的速度慢了伽马倍，即 70.7 倍。但如果宇宙飞船加速到 0.99999 光速，船上时钟的指针就移动得更慢了，慢到变成了 223.6 倍。不管宇宙飞船如何加速，至少头和尾两个数字，我们能以伽马算得（见表 1）。至于在加速度过程中伽马的变化，我们很容易以一个曲线画出来，随时查询时间变慢的数值。所以，在加速度的坐标中使用狭义相对论，不是问题。

核心问题是爱因斯坦要把他的相对理论延伸到牛顿的引力场中，在概念上比延伸到加速度坐标中要困难太多了。这也是为什么爱因斯坦想到了人跳楼的思维实验，就好像中了乐透奖（Lotto）一样幸运。因为这个思维实验，把运动的加速度和静止的引力场画上了等号。也就是通过前文描述的 3 个等效原理，一个物体或粒子在引力场中自由落体环境下所做的物理实验，包括加速度实验，也可以全面勾画出它在一个相对的引力场时空中的物理特性。

四维时空

等效原理像是一串大钻石衔接而成的闪耀链子，把 1905 年发展出来的相对论中所有的时空物理概念，在 1907 年年底就接到引力场中使用，如前文所述：时间滴答的流速在引力场中变慢下来，光会被引力场弯曲，在引力场中也会有红移效果等现象。

思维上是想通了，但如果这个思维只能用一些前所未有的物理现象来描绘，无法用严谨的数学方程式来表示，那就太遗憾了。

为了这些概念能以严谨的数学方程式表达出来，爱因斯坦得苦思 8 年，翻山越岭，艰辛地寻找他的"爱因斯坦场方程"，为人类奠定了宇宙科学不朽的基业。

爱因斯坦不是没有数学天分，而是他 1896—1900 年在苏黎世大学（ETH Zurich）念书时不用功，成绩仅勉强及格，常被数学教授、后成为他恩师的赫尔曼·明科夫斯基（Hermann Minkowski，1864—1909）数落成"懒狗"（fauler Hund，lazy dog）。但他对物理的直觉领会和发掘，的确是人类千古难逢的奇才。他以超强的逻辑渗透能力，第一次带领人类看清楚了时间的本质，在 1905 年发表了后来被泛称为狭义相对论的"论动体的电动力学"[5] 论文。这篇论文中所用的数学简单易懂，只涉及以匀速运动惯性坐标间的转移，后来经过恩师明科夫斯基仔细帮他量身定做，打造了一个严谨的"明科夫斯基四维时空"（Minkowski 4-D spacetime），专门提供给狭义相对论使用。

明科夫斯基的名言：时间和空间单独存在的日子已成历史，今后它们只能结合（union）在一起出现（From now onwards space by itself and time by itself will recede completely to become mere shadows and only a type of union of the two will still stand independently on its own.）。爱因斯坦赞赏之余，感叹：数学家接管相对论后，我自己就看不懂了！

1906 年到 1909 年间，明科夫斯基全身心地投入到他为这位懒学生创造出来的相对论四维时空几何演算之中，自认生而逢时，有幸为如此伟大的理论做出更多贡献。但不幸突患阑尾炎，被迫放下相对论，骤然过世，享年 44 岁。

明科夫斯基的四维时空，其中三维是我们生存其中的空间，剩下的那一维是时间，所以一般以四维时空称呼。我们熟悉的三维空间中的每一点，都可以用三个互相垂直的坐标 X，Y 和 Z 和原点间的距离精确标明。组成三维空间的 3 个平面，属中学的欧几里得（Euclidean）平面几何范畴，其中的精髓为两并行线在无穷远处相交，三角形内角总和为 180 度，勾股定理（Pythagorean theorem）成立，圆周率为 π，即 3.14159265358……

所以，狭义相对论中所用的明科夫斯基四维时空，因没有引力场亦没有加速度掺和进来，基本上是欧几里得平面几何运算，尚称简单，还难不倒数学懒虫爱因斯坦。

牛顿力学和爱因斯坦相对论力学之间有很大的差别。牛顿力学中的物体的体积长度、质量和时间等，在运动的过程中，不管速度快慢，皆固定不变。而爱因斯坦相对论中的物体，一动起来，体积大小、质量和时间等皆发生变化，用明科夫斯基数学处理，虽还属欧几里得平面几何范围，但已经复杂很多。现在又要加进引力场，物体存在的空间几何性质开始被挤压变形，明科夫斯基四维平面几何空间已不敷使用，对数学的需求以指数升高，朝高度复杂困难方向演进。爱因斯坦一向以物理概念挂帅，对数学懒散，虽然成功混成了狭义相对论，但面对有引力场的相对论时，数学使不上力的他只得向专家求救。

求助格罗斯曼

1912 年 7 月，明科夫斯基过世后 3 年，爱因斯坦本人已是名满欧洲的一流理论物理学家、迅速升起的明日之星，他被聘回到母校苏黎世大学任职，大学同学兼好友马塞尔·格罗斯曼（Marcel Grossmann，1878—1936）当时则任职数学系主任。

大学时，爱因斯坦为增加自学时间，逃课习以为常，尤其是翘没用的两学期几何课。但为了应付考试，就盯住格罗斯曼借笔记，临时抱佛脚，6 分满分，爱因斯坦平均得 4.25 分，只求及格过关。而格罗斯曼是好学生，几何以满分 6 分毕业，被学校留下任职。其实爱因斯坦所有的其他 5 个同学（全班 6 人），毕业后皆留校就业。只有他，因成绩低劣被赶走，到处找事碰壁，最后幸由格罗斯曼的父亲说项，才勉强找到一个瑞士政府三等专利审核员职位，糊口求生。

爱因斯坦在 1911 年已初步计算出太阳引力场可将光弯曲 0.85 角秒（arc

second）（一圆周为 360 角度，每一角度含 60 角分，每一角分含 60 角秒。1915 年重新计算，发现 2 倍误差，修正为 1.70 角秒），时间在引力场中变慢，光谱也发生红移。虽然物理概念上没问题，但从明科夫斯基的四维时空处理没有引力场的物理经验走过来，有引力场的四维时空一定比欧几里得的平面几何复杂得多，它的时空也因物体质量（mass）、能量（energy）及动量（momentum）的存在，会弯曲而拥有曲度（curvature）。更重要的，如能以严谨的数学计算出时空曲度的变化，也可能会发现宇宙更多的引力场奥秘。想到这，爱因斯坦才深深体会到数学的重要，也知道他以前不好好学数学，不重视数学对物理的关键角色，态度欠佳，于是对自己说了一句重话：我错了！

正所谓知错能改，善莫大焉。

一回到苏黎世，他马上找格罗斯曼：我快疯了，你一定得帮我！（Grossmann, Du musst mir helfen, sonst werd ich verrückt!；G., you must help me or else I'll go crazy!）格罗斯曼全神贯注听完爱因斯坦的诉苦，理解爱因斯坦的确是被数学卡住了，本想先给个老师教诲：不用功，后悔了吧！但这铁哥儿们谈的是宇宙最深沉的奥秘，前所未闻，真是百年难逢的诱惑。亢奋起来，二话不说，即刻建议使用黎曼流形（Riemannian manifold）几何！

爱因斯坦和格罗斯曼这段对话，我找不到文字记载，只好自己编个剧本。

爱因斯坦：马绍尔，我已把时间在掌心玩了 7 年了，E 也等于 mc 平方了，加速度和引力场等效没问题，牛顿也被我批评够了，但是我好苦啊，不知道怎么把这些想法搁在一起往下走……

格罗斯曼：嗯，我离你 500 里，也听到了你评牛顿理论的炮声隆隆……

　　爱因斯坦：还是像以前一样，我只会用讲的来形容我的物理。你知道老师明科夫斯基过世前帮我搞出个四维时空惯性坐标，我琢磨了好大一阵子才搞懂。现在我要拼牛顿的引力场了，数学肯定要用得比平面几何深奥。我昨天半夜又有灵感，叫我再来跟你借笔记……

　　格罗斯曼：你这次要用的的确比以前复杂，还好你的时空维数已定。几何流形虽有数十种，但你要的还算简单，物理一般也不会自找麻烦，在流形中纠结或跳悬崖峭壁什么的……

　　爱因斯坦：你知道该用什么数学了？

　　伯纳德·黎曼（Bernard Riemann，1826—1866）是伟大数学家卡尔·弗里德里克·高斯（Carl Friedrich Gauss，1777—1855）的研究生，在27岁时就写出博士论文"几何的基础假设"[8]，但当代无人重视。黎曼天才早逝，死时都不知他的多维几何有何用处，博士论文也拖到他死后两年才发表，英文版译文在1873年出现，后被爱因斯坦应用到引力场相对论而扬名青史，定名为黎曼流形。

　　我们最熟悉的是平面几何。平面上画个三角形，3个内角总和为180度。生活在地球上，目视所及，全是平面，三角形3个内角总和为180度，好像是天经地义，不值得讨论。但如果土豪包游轮出游，横渡太平洋，坚持海面是平的，要船长以平面几何导航，那可就糟了。有位远洋航轮的船长告诉我，在大洋中导航不难，只要知道地球是圆的就行了。沿赤道90经度差两地，分别垂直在地表往北极画条长线，再把这赤道两点和北极连成个在球面上的大三角，这个三角内角总和为90 + 90 + 90，共270度。结论：平面几何显然不能在球面上使用。平面上两点间的距离，只要定出个垂直坐标，用勾股定理，一算就得。在球面上任何两点间距离的计算，就得大费周章了。在球面上算距离，还有迹可寻，但在一个任意的如黎曼流形曲面上，每一点的东南西北每个方向的曲度皆不同，要在这一个曲面上计算曲度，就得在曲面上每一点建立起那一点专用的度量（metric）。从这一点向东伸出，用这把尺量距离；从这一点往北走出，用第二把不同的尺量距离；往西往南迈出，因每个方向的曲度都不一样，有的向左弯，有的向上翘，各有千秋，在四维时空的每一点都有 4×4=16 把不同的度量尺，作为以微分几何算出从上一点移动到下一点距离的标准。这 16 把尺标中，有 6 把是相同的，只剩下 10 把不同，这是下文要详谈的张量（tensor）概念。曲面上 a 点到 b 点的总距离，就是无数个小段短距离的总和。这和明科夫斯基的四维时空使用的平面几何的度量不同。平面几何的度量，每个直角坐标方向皆可使用相同长度为 1 的标准尺标。在这个曲度为零的平面四维时空，一般把时间度量定为负 1，即−1，来表示在所有惯性坐标中的光速恒定（仔细琢磨图 7 和附录 2）。四维时空平面直角坐标的度量，比黎曼流形曲面的简单太多，只需 4 把长度相同的度量尺标就够用了。

　　黎曼的伟大贡献，就是他找出了如何在 N 维空间曲面上的每一点计算出度量尺标，这也是爱因斯坦急迫要学会的数学技巧。这个度量尺标，也就是爱因斯坦引力场相对论黎曼流形几何需要解出的未知数。黎曼流形不是为爱因斯坦的需求而发明的，但它应用在引力场相对论上，确比量身定做的名牌衣服还更合身华丽。历史上所有大成功的人都是福将，因他们所需攻坚的武器，老早就有人造好摆在那儿，就等你操起家伙冲锋陷阵就是了。

Chapter

08

第八章
苏黎世笔记本

在第一章"牛顿的苹果"中提到牛顿力学有个致命的缺陷，那就是两个天体间的引力在空无一物的宇宙高真空空间靠什么沟通啊？牛顿对这个问题的答案是两手一摊，要提问者自己琢磨回答。爱因斯坦经过了 6 ～ 7 年的苦思，终于有了明确的解答：两个天体间的引力依赖四维时空的几何结构传递。

爱因斯坦当时的引力场相对论理念，已跳出牛顿力学陈旧的想法，在脑中清晰的核心概念是：引力已不是传统上被当成力的思考，而是显现于由物质的存在而造成在四维时空中的曲度上。图 11 中的地球在四维时空几何中造成的曲度，就能吸引住月球，向它的方向倾斜运行。两个天体间的引力，就通过几何结构的曲度相互沟通传递。

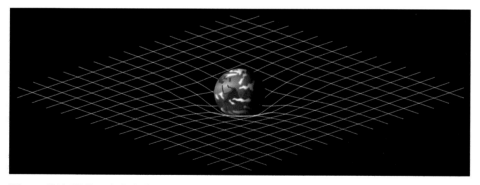

图 11　引力场就是有曲度的时空几何空间，犹如一张承受力量的弹簧垫。两个天体间的引力，就通过几何结构的曲度，相互沟通传递（Credit: Creative Commons Attribution–Share Alike 3.0 Unported license）

四维时空中的曲度，就是爱因斯坦相对论中的引力。引力不以两物体在远距离加诸于对方赤裸裸力的形式出现，而是以四维时空中每一点的局部曲度表达，犹如一张承受力量的弹簧垫。引力是四维时空局部几何的性质，引力是几何，几何是引力，惊世的解读，爱因斯坦要革牛顿的命。

要革命，得先要准备好自身的实力。第一，要苦读黎曼流形数学，补足大学时偷懒逃课的荒唐岁月。第二，要苦思，如何才能把引力场物理，加进到黎曼几何中。和格罗斯曼谈话后的三年，爱因斯坦就全神贯注在这两项的工作上。黎曼流形数学的核心概念，是张量计算。黎曼的张量可用到 N 维空间，爱因斯坦幸运，只用到四维，即时间 1 维加上空间 3 维，即可打住。

张量

在日常生活中，我们最懂标量（scalar），如温度 23 摄氏度、1 大气压和 2 千克蹄膀等，不论在世界任何地方，一说大家都明白。矢量（vector）大家也不陌生，如你开车出游，车速高低和方向得兼顾，才能准时抵达目的地。张量概念在日常生活中少见，一般以"服了激素的矢量"（vector on steroid）略可形容。矢量可以由一个精确方向使出的力量，在同一精确方向产生的物体运动而成。现在如果一个方向的力量，能引起物体朝两个以上方向运动的反应，例如加诸于晶体材料上的敲击应力（stress），结果会引起物体在 2 ～ 3 个方向传出应变（strain）反应。这类晶体中多方向收缩伸张变化，一般以三维空间的数学张量表达（图 12）。

在三维空间中，应变有 3×3=9 个方向，即 1，2 和 3 三个数字任挑两个的排列组合，即 {1,1}，{1,2}，{1,3}，{2,1}，{2,2}，{2,3}，{3,1}，{3,2} 和 {3,3}。σ_{11} 表示从 X_1 方向来的"应力"在 X_1 方向产生的"应变"；σ_{12} 表示从 X_1 方向来的"切应力"（shear stress）在 X_2 方向产生的切应变（shear strain），σ_{13} 等类推。在合理的物理晶体材料中，X_1 方向切应力在 X_2 方向产生的切应变，没有道理不等于 X_2 方向的切应力在的 X_1 方向产生的切应变，所以 $\sigma_{12} = \sigma_{21}$。实际上，9 个应变实得 6 个独立数字。

依理类推，在四维时空中，应变就有 4×4=16 个方向了，其中有 6 个

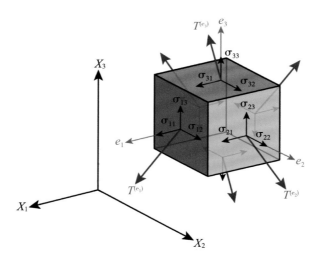

图 12　三维空间的应力张量（stress tensor）分解图。应力 T^{ei}（$_{i=1,2,3}$）等
　　　与所在平面不垂直，就造成晶体各方向的应变皆反应，以张量
　　　$\sigma_{i,j}$（$_{i,j=1,2,3}$）表示［改绘自：Sanpaz（GFDL or CC BY-SA 3.0），via
　　　Wikimedia Commons］

相同，实得 10 独立应变。这个概念，也可应用在流形中每一点的度量尺标
上，16 个度量尺标实得 10 个，如前文所述。

　　在黎曼几何的四维时空中，引力以曲度呈现。检验这个几何曲度的方
式，一般以光子或以一个微小的粒子检测。粒子以某个特定的参考坐标和
几何曲度应力互动，在引力场中则会产生很多方向应变张量性质反应。要
理解粒子在黎曼有曲度的空间运动，就得掌握四维时空的 2 级或更高级别的
张量（2nd or higher order tensor）计算技巧。所以爱因斯坦第一步，要把张
量运算搞得滚瓜烂熟，但这还只是万里长征的起点。

　　数学对引力几的重要当然至为关键，但爱因斯坦另一个顶级重要的
任务，就是要把他的相对论物理概念，融入黎曼流形的张量数学中。

　　一个成功的四维时空黎曼流形引力场的复杂张量方程式，一定要满足

至少以下 3 个物理条件：

1. 在极低引力和极低速度下，方程式得回归成牛顿力学方程式。

2. 在时空坐标转移运算中，不得违背所有古典物理中的守恒定理，如能量和动量等守恒要求。

3. 要遵守相对论基本大法"等效原理"。

爱因斯坦对人类最伟大的贡献是把他的引力场物理概念融入到黎曼流形几何之中。这是个艰巨的宇宙工程，只有爱因斯坦有能力做到。他是人类有史以来独一无二的宇宙首席工程师（Chief Engineer of the Universe）。

相对论引进了引力场，当然得先处理引力来源的根本问题。引力场由物质、星体和星系等产生，毋庸置疑。但爱因斯坦引力场的起因，比牛顿的复杂得多。牛顿只要有物质存在，引力场就瞬间产生。爱因斯坦的引力场当然也有物质在静止状态产生引力部分，但在高速运行的物体系统中，物体的质量会以伽马倍数增加。譬如以 0.9999 光速飞行，增加的质量是静止质量的 70 倍有余（表 1）。这些增加的质量由物体的动能转换而来，对引力场强度的贡献远大于静止质量。

表达引力场来源的张量，不是爱因斯坦的首创，只是被他借来重用。这个特殊的 4×4 张量，爱因斯坦没花费太多精力，但它是爱因斯坦发展引力场相对论整体的一部分，在此就先谈一下，以免遗漏。

爱因斯坦引力场的来源，以 $T_{\mu\nu}$ 表示（见附录 2 中的公式），共有 4×4=16 项，称为"质量－能量－动量"（Mass-Energy-Momentum）张量，简称"能量－应力"（Energy-Stress）张量。这个张量的物理概念不难理解，其中最显眼的一项，就是质量部分，它引起引力场的功能，在静止质量部分，和牛顿力学一样，但对高速运动的质量，就要引进表 1 中的伽马（γ）参数，把增加的质量包括进来。再次是在三维空间的动能，通过 $E = mc^2$，转换成质量，也可以引起引力场。再其次的几项就是质量在某方向的运动速度所引起在别的方向的应变运动速度，质量乘以在某方向的运动速度再乘以在别的方向引起的应变运动速度，也可当成能量处理，也能向引力场做出贡献。但这种说法，是来自四维时空张量数学的结果，它们分别被称为动量密度（momentum density）、能量流（energy flux）和切应力（shear stress）等，比较深奥，与我们日常生活经验距离遥远，在附录 2 中有较详细探讨，在此不做深究。

总结列出爱因斯坦引力场的 3 大类来源：

1. 质量：T_{00} 或能量密度（energy density）；

2. 高速运行的动能：T_{11}、T_{22} 和 T_{33}，又称压力（pressure）；还有其他擦边球类的：

3. a. 动量密度：T_{10}、T_{20} 和 T_{30}；

b. 能量流：T_{01}、T_{02} 和 T_{03}；

c. 切应力：T_{12}、T_{13}、T_{23}、T_{21}、T_{31} 和 T_{32}。

爱因斯坦的四维时空的 4 个坐标一般以 X_0、X_1、X_2 和 X_3 表示，X_0 是时间轴，其他 3 个为空间轴。

高速运行的动能和空气中氮、氧分子因动能而产生压力感相似，所以这 3 方向的动能也被称为"压力"。除开带时间轴 0 的"动量密度"和"能量流"以外，其他的因为完全是在 3 度空间内运行，就被通称为"切应力"。另外，引力场是个循规蹈矩的物理系统，没有理由 T_{01} 不等于 T_{10}、T_{12} 不等于 T_{21} 等，其他类推，所以爱因斯坦引力场共有 16 − 6 = 10 个独立来源。

这 10 个独立引力场源头，引发了四维黎曼流形空间的特殊曲度张量函数。找到这个曲度张量函数的方程式，就是爱因斯坦对人类伟大不朽的贡献。这个曲度张量方程式，一定得满足前文列出的 3 个物理条件，这是硬的不能妥协的要求。还有些软性的要求，这些要求来自于我们生活其中的宇宙，它的物理环境对时空的要求一定是合理的，要不我们的宇宙就不可能那么坚固美丽地存在了。比如说，人类生存的四维时空，绝对不可能像绳子一样，到处打结，所以在黎曼流形空间，爱因斯坦只使用不纠结（torsion free）部分。但只不纠结还不够。黎曼流形空间也包括了悬崖峭壁几何，爱因斯坦也不能要。我们在大学的微积分课中学到，一条曲线发生了断层就无法正常地微分（differentiation）。无法微分，就无法向下伸出度量尺标触角，四维时空的曲度就计算不下去了。在研究所的相对论课堂中，教授把不纠结又没有悬崖峭壁的流形空间称为最好的空间。在这类空间进行转移的坐标称为最好的坐标或"高斯垂直"（Gaussian normal）坐标。这位高斯就是黎曼老师的那位高斯。

平行转移

这种不纠结、无悬崖峭壁的黎曼流形空间，就是爱因斯坦要使用的部分。从物理的角度考虑，爱因斯坦最关心的当然是他的物理方程式在这个刚认识的黎曼流形中进行时空坐标转移，一定要保证原型完整，绝对不能变成乱码，当然更不能转丢了。所以，使用黎曼流形的第一要务，就是物理方程式不管在任何曲度（引力场或加速度）的坐标中，要像两点间距离方程式在明科夫斯基四维时空中一样，不论惯性直角座标间的相对速度，形状永远不变才行（见图7）。好的黎曼流形还有另一种性质，如强大的数学力量到位，可以用来检验多维空间的几何质量。这个多维空间的几何性质，被统称为并行转移（parallel transport）。再从物理的观点审视，任何物理方程式如能被并行转移，它肯定是在曲面被仔细填平了的路上走，一路被小心包装呵护，到了目的地拆包后仍然完好无缺。黎曼流形中并行转移的微分几何（differential geometry），在爱因斯坦辛苦向引力场相对论攻关时也尚在发展之中，但其中许多相关的数学概念，爱因斯坦已开始使用。并行转移的完整理论到1917年才正式发表，有关内容在第十章"绝对微分"中详述。以下只说明一下这个要数学家经过50余年的努力才把它厘清的在曲面上并行转移的困难。

想象在一个平面上画一个矢量箭头，然后把这个箭头并行转移一圈，由 1 ～ 6，最终它仍然会方向不变地回到原点（图 13）。

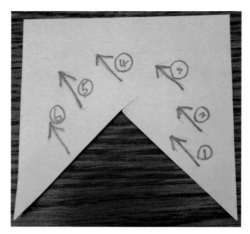

图 13　在平面上并行转移，从 1 到 6 方向不变，最终回到原点 1

现在将图 13 的缺口合起来，平面转换成锥形（cone），见图 14（平面和锥形，除去锥形顶尖那一小点外，属同一拓扑家族）。

在图 14 锥形面上观察图 13 中的并行转移，箭头方向发生变化，每个箭头不再平行。在锥面上如不进行特别处理，箭头 6 不会平行回到原点 1。格雷戈里奥·里奇－库尔巴斯托罗（Gregorio Ricci-Curbastro 1853—1925）张量使用图利奥·列维－奇维塔（Tullio Levi-Civita，1873—1941）的流形空间点连络（connection）技巧，再加上埃尔温·克里斯托弗（Elwin Christoffel，1829—1900）首创的"克里斯托弗符号"（Christoffel symbols），就可在每点修正箭头方向，在转移过程，一路从 1 到 6，随时保持箭头平行状态，保证完成在最简单的锥形曲面上的并行转移。

明科夫斯基帮爱因斯坦打造出来的四维时空空间，因为没有引力场的介入，属欧几里得的平面几何性质。举例，矢量在平面上进行坐标转移，

图 14　将图 13 的缺口合起来，平面转换成锥形。在锥形面上观察图 13 中的并行转移，箭头方向发生变化，每个箭头不再平行。在锥面上如不进行特别处理，箭头 6 不会平行回到原点 1。里奇－库尔巴斯托罗张量使用列维奇维塔的流形空间点连络技巧，再加上使用"克里斯托弗符号"，就可在每点修正箭头方向，在转移过程，一路从 1 到 6，随时保持箭头平行状态，完成在最简单的锥形曲面上的并行转移

如用我们最熟悉又最简单的直角坐标系（orthogonal cartesian coordinate system），矢量在每个单独的坐标轴上投影（projection）所得出的分量（component）尽管不同，但在每个坐标转移后重新组装回来的矢量，与没有转移前的相同、不变。在图 7 坐标转移中的计算，属"标量"范畴，只需要设计一个程序，工作量是矢量计算的四分之一。坐标转移前后，标量在"直角坐标"平面上当然不变。张量的坐标转移，因有 4×4=16 个分量，计算起来就渐趋冗长复杂，但概念上与标量和矢量一样，坐标转移后用不同的 16 个分量重新组装回来的张量，在直角坐标平面几何中仍然和矢量一样，与坐标转移前的相同、不变。

　　所以，在欧几里得的平面上，直角坐标转移，标量、矢量（下文皆统称为张量）和四维或更高 N 维空间张量转移前后皆不变，不需克里斯托弗

符号上场。也就是说，对欧几里得的"直角坐标"平面几何，克里斯托弗符号值为零。

但即使在明科夫斯基的四维时空平面几何空间使用略为复杂的极坐标系（polar coordinate system），所有张量在转移前后就已发生变化，非得引进克里斯托弗符号进行修补，才能完成张量并行转移任务。

在一个最一目了然又最简单的锥形曲面上，图 13 和图 14 已清晰展现出平面和曲面的核心差异，即平面上的坐标并行转移，对一个单纯的矢量，在锥形曲面上转移前后，已产生了巨大的变化，面目全非，不是原来的矢量了。

在黎曼流形高低不平、七转八弯的曲面上，张量坐标转移，转移后所发生的变化，皆和原始面貌不同，已达到惨不忍睹的地步。

张量在黎曼流形中坐标转移后所发生的变化，一般以共变导数或绝对微分（covariant or absolute derivative，见第十章）技巧修补。在每一点的坐标转移过程，要计算出那一点满足共变导数要求的特别度量。对四维时空，每点需 16 个度量，其中有 6 对数值相同，实得 10 个独立度量数值。以这个共变导数连络技术所获得的度量，在黎曼流形的每一点可引导出有 $4 \times 4 \times 4 = 64$ 个数值的克里斯托弗符号，其中 $4 \times 10 = 40$ 个为独立数值，它们在那一点的加加减减，就可修复张量在坐标转移中所受的伤害（附录 2）。修复后的张量又完好如初，继续向下一个坐标点并行转移迈进。

笔记本

在上文中，三位张量理论重量级人物同时出场，就是要表达一个重要概念。在爱因斯坦苦寻引力场相对论张量的方程式时，在黎曼流形中使用的里奇－库尔巴斯托罗张量，在当时已是相当成熟的数学技巧。但在黎曼流形上，使用列维－奇维塔每点伸出触角的连络技术，计算出不管在任何复杂的"最好"曲面上，所需要的克里斯托弗符号，保证张量完整无缺地转移成功，还是一件冗长繁重的工作。一项计算，常绵延 50 余页，一个小疏忽，足以埋下错误种子，就造成无法接受的物理结论，可能前功尽弃，得再回头组装另一组里奇－库尔巴斯托罗张量，祈祷上帝，它符合所有要求的物理和数学条件。

　　格罗斯曼为爱因斯坦指出了一条明路，一定得用里奇－库尔巴斯托罗张量，也铆足劲地帮助爱因斯坦张罗数学，两人合作，刚开始进步神速，几个月内就有了丰硕的成果。爱因斯坦在 1909 到 1913 年间，使用了后被称为"苏黎世笔记本"（Zurich Notebook）做初步的黎曼流形中的张量计算。这本笔记本原本共有 47 张纸，2 张被撕掉，3 张空白，爱因斯坦实际用了 42 张纸，共计 84 页。爱因斯坦使用这笔记本也不同于一般。他的页数大部分由前面，即笔记本平放开口向右，由平常的第一页起算。因为冗长的计算，有些页数成对出现，当成 1 页使用，左页用 L（left）、右页用 R（right）表示，如 38L～ 38R 量子理论计算。有些由底页，即笔记本平放开口向左，由平常的最后一页开始，算是第 1 页，页数后也加个 L 表示，这部分有1L～ 31L。唉，要搞懂名人的一点点小东西都得费劲。有关在黎曼流形加入引力场的微分张量计算，先后出现在 39L～ 43L 和 5R～ 29L 页（皆由平常的第一页起算），共 57 页。1912—1913 年间的引力计算，出现在 5R～ 29L，即 5R、6L/6R、……、28L/28R 和 29L，实得 24 对、48 页。

　　图 15 的 14L 页，爱因斯坦在右上角标明格罗斯曼的贡献，下面德文Tensor vierter Mannigfaltigkeit 意 为 第 4 级 张 量 流 形（tensor of fourth rankmanifold）。左边的张量方程式，使用的是里奇－库尔巴斯托罗张量、列维－奇维塔的流形空间点连络技巧和克里斯托弗的符号，相当成熟地呈现出黎曼流形中所需的"度量"在四维时空的变化。这条方程式与爱因斯坦最终在1915 年年底发表的惊天地泣鬼神的场方程仅有一线之隔。后文第 89 页会提到爱因斯坦的"苏黎世笔记本"中，现代的克里斯托弗符号 $\Gamma^{\alpha}_{\mu\nu}$ 以 $\begin{bmatrix} \mu\nu \\ \alpha \end{bmatrix}$

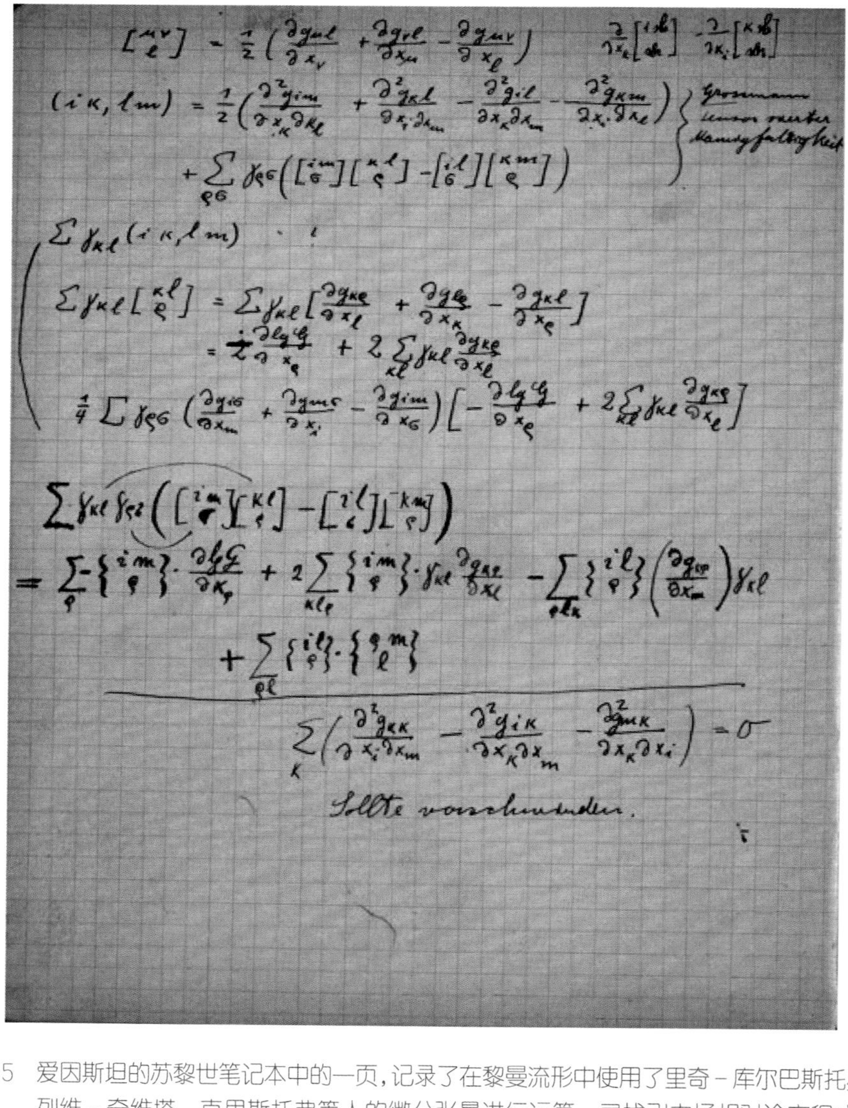

图 15　爱因斯坦的苏黎世笔记本中的一页，记录了在黎曼流形中使用了里奇 – 库尔巴斯托罗、列维 – 奇维塔、克里斯托弗等人的微分张量进行运算，寻找引力场相对论方程式。第 14L 页右上角标名 Grossmann 的贡献，下面德文 Tensor vierter Mannigfaltigkeit 意为第 4 级张量流形（tensor of fourth rank manifold）。笔记本 84 页中，57 页是引力场计算，其他 27 页分别是电力学、量子理论和热力学等的计算

符号表示。14L 页上方第一行和附录 2 的第 140 页相比，在 $\frac{1}{2}$ 后仅差了个度量 $g^{s\alpha}$。

上文继高斯、黎曼和明科夫斯基之后，又连续认证里奇－库尔巴斯托罗、列维－奇维塔和克里斯托弗三位数学家对爱因斯坦引力相对论的卓越贡献。尤其是里奇－库尔巴斯托罗，他是张量微积分（tensor calculus）的发明者，爱因斯坦最终是以他的张量数学，攀登上了人类智慧巅峰的。克里斯托弗符号在黎曼流形上指引爱因斯坦在空间每一点伸出触角寻找那 10 个独立度量尺标时，这方向上垫高点、那方向下探低些，每脚高低都帮助爱因斯坦计算出来，好使他在全宇宙坐标转移时不会失足跌跤，手中捧的物理定律也不会摔坏，在每点都同样不变又好用。这些数学技巧本是象牙塔中的玩具，但因爱因斯坦在引力相对论中用上了，他们的名字，也就永远和相对论挂钩，留名青史。

共变张量

但在 1913 年年初，非常不幸地，因爱因斯坦对黎曼及里奇－库尔巴斯托罗等张量数学基本错误的解读，更可能是格罗斯曼错误的计算[17]，认为纯数学策略失败，决定改弦易张，重拾物理直觉策略。这个错误的决定，导致他们在歧途中打转了近 3 年的时光。

爱因斯坦从发展相对论开始，用的就是两手策略。先用敏锐的物理直觉，扬弃电磁波介质以太，认定光速恒定和时间的相对性，然后演算出时空惯性坐标间的洛伦茨转移，推论 $E = mc^2$，再引进四维时空概念，给明科夫斯基发挥数学能力，为爱因斯坦的狭义相对论建立起一个完美的四维时空。物理直觉和数学延伸，轮流向前推进。引力场相对论的号角吹响后，从跳楼思维实验和加速度就等于局部静止的引力场思维实验，先建立起 3 种等效原理，再推论出在引力场中，时钟变慢、光弯曲和光谱红移等现象。

物理直觉攻关战役初捷，即刻找上格罗斯曼，点燃数学战火。开始尚称顺利，但不久里奇－库尔巴斯托罗张量之路就出现了无法超越的路障。

里奇－库尔巴斯托罗张量以其"共变"性质获得格罗斯曼的青睐，毫不犹豫地推荐给爱因斯坦。上文花了些笔墨形容每人每天就是在不停转移的坐标中生活。在每个不同的坐标中，我们习以为常的物理定律可不能改变，比如光速恒定，能量及动量守恒等。引进引力场，坐标转移情况复杂很多，但在每个坐标中物理定律的基本要求和表达物理定律的数学公式形状，皆相同不变。

"共变"张量的定义是在时空坐标转移前后，张量的数学形状不变。

行文至此，有澄清的必要。在上文中其实提到了两类共变的概念。第一类是张量使用共变坐标进行转移，第二类是张量使用共变导数技巧来修补坐标转移后所受的伤害。引起混淆的来源，起于"共变"两字，因为它们的英文原字皆为"covariant"。查询最权威的字典，covariant 的确是一个冠冕堂皇独立自主的英文字。但不幸的是，在共变坐标中使用的 covariant，为一个由 co-ordinate 和 in-variant 两字组成的人工复合字 co-variant。而共变导数中使用的是原汁原味的 covariant。结果造成两处皆以中文"共变"、英文"covariant"出现。其实，共变导数所用的"共变"（covariant），与共变坐标所用的"共变"（covariant），两者的数学意义风马牛不相及，毫无关联。在第 10 章"绝对微分"和附录 2 中，我们会更深入讨论这两类共变在数学和物理方面的含义。

一颗粒子，在宇宙由众星体形成的四维时空引力场中飞行，时空每一点的引力场都不同，所以，这颗粒子每分每秒都得转换使用不同的坐标，向"总部"报告它在四维时空中的位置，这已和牛顿静止的引力场情形不同。更何况在一个膨胀的宇宙，星系间的相对距离随时在变，电磁波辐射能到处乱飞，双中子星引力辐射强势发射，中子星和黑洞之间的同类星体相撞或异类星体互撞引起质量转成引力波传播出去，不断地随时调整整个宇宙引力场的大小，即四维时空的曲度。爱因斯坦的引力场是一个不折不扣以动力学（dynamics）状况存在的四维时空曲度。

爱因斯坦要在这么复杂的黎曼流形坐标中，找到一组包括所有引力物理的里奇－库尔巴斯托罗共变张量，对一个张量数学新手的爱因斯坦来说，不是件容易完成的家庭作业。

爱因斯坦第一次找到的里奇－库尔巴斯托罗共变张量，详细记录在苏黎世笔记本中，但它无法在弱引力场和极低速度情况下，回归成牛顿力学方程式，也不能把 10 个不同的引力场位能回笼成单一的牛顿位能，更无法满足能量和动量的守恒定理。

因物质、能量与动量等物理缘由在黎曼流形中产生的曲度，在四维时空的每点皆不同，造成不同的几何结构。要理解在某一点的物理特性，就得使用在这一点最好的坐标。而在这一点表达物理的张量，不论它的性质是共变、反变（contravariant）或混合（反变和混合张量会在后文谈及），从一点前进到无穷小（infinitesimal）距离的下一点，都得使用各类张量特殊的坐标转移规则。

爱因斯坦引力场相对论的数学就是张量微积分数学，是硬碰硬的玩意儿，没有小路可抄。要想使用它制造出高质量的产品，就得把它搞个门儿清才算到家。

对新手爱因斯坦，虽有数学家格罗斯曼助阵，但第一战就铩羽败北，最直接的反应就是这条路咱不走了，另起炉灶，迂回前进。

Chapter

09

第九章
摘要论文

爱因斯坦迅速地放弃第一次里奇－库尔巴斯托罗共变张量数学，回头再以物理直觉与格罗斯曼一起，在 1913 年 6 月凑出了一组张量方程式，绝对满足能量及动量守恒定理，又能在弱引力场中和极低速度下，回归成牛顿力学。这两项的满足的确修正了苏黎世笔记本中里奇－库尔巴斯托罗张量的不足，弥补了爱因斯坦的燃眉之急。让步部分是这组张量，仅能在极为有限的条件下，满足坐标转移的共变要求。这是两位作者用人为力量设计出来的结果，包括满足下文谈到的空穴论证需求，所以他们两人还算得意。这篇文章发表后，被广称为"摘要论文"［Entwurf（意为摘要 outline）paper］，全文标题为"广义相对论及引力理论摘要"[9]。

这篇论文中所使用的引力场来源的 $T_{\mu\nu}$，如前文标明，来自 1911 年马克思·劳厄（Max Laue，1879—1960）的首创，后经年轻的维也纳物理学家弗里德里希·科特勒（Friedrich Kottler，1886—1965）在 1912 年延伸完善，被爱因斯坦接手拿去使用。爱因斯坦在维也纳做演讲时，特别把在听讲中的科特勒从座位上叫起来，向听众表扬他对引力场相对论的贡献。所以，公平的说法是爱因斯坦并未亲自发展出引力场源头的张量，而是从别人那儿借来使用的。

爱因斯坦自认"摘要论文"完成了引力场相对论的工作，终于可以喘口气休息一下了。他的确是累得够呛，但"摘要论文"紧追不舍。

空穴论证

第一，如前所述，这组张量无法满足全面（general）坐标转移的共变要求，甚至连一些较广的（broad）共变要求都无法满足，这是"摘要论文"最大的缺陷。换言之，他们只能使用一组特殊的坐标转移才能满足共变要求，即张量在坐标转移前后维持数学形状不变。这个理论内在的缺陷导致一些简单分布的星体，无法决定出一个独一无二的引力场曲度。换言之，同样星体分布，可产生不同分布的四维时空引力场的结构。爱因斯坦狠下心来，认为有引力场介入的黎曼流形空间张量，永远达不到全面的共变要求，高不高兴随你，真理就是这样。他还为这个诡辩论点起了个炫名——空穴论证（The Hole Argument），话不落地，再补一句，说他应该拉一段莫扎特（Wolfgang Mozart（1756—1791）《费加罗的婚礼》（Le Nozze di Figaro），来庆祝这个论证的诞生。

空穴论证有很多方式解说，举个我自己常用的浅显例子。有这么一个国家，表面看来，全面实行单一宪法规定的民主制度。但国家中有一城堡，有 4 个大门可进出。每个门有一个人员看守。从政府来的官员，每次分别和 4 位看守者问话，看守者异口同声，皆发誓城堡内遵行国家唯一的宪法，与全国各地完全相同。所以，由城堡外看过去，整个城堡是国家的一部分，没有区别。但实际情形是，城堡关起门来，内部实行的是堡主独裁制度，与外界截然不同。城堡就是空穴，外界和空穴交界处，看不出空穴有异，一入了空穴，就进入外界无法预知的世界。空穴论证是一个比较接近哲学的辩证，也是使爱因斯坦放弃里奇－库尔巴斯托罗共变张量路线的悖论，误入歧途 2 年 8 个月（包括 4 个月论文评审时间）的主要推力。所幸它在科学史上没有留下重大的灾害，但误导爱因斯坦走了一大段冤枉路，所以谨在此登录在案。有关空穴论证的文章很多，还有与它对抗的流形实体论（Manifold Substantialism），有兴趣的读者可自行上网查阅。

第二，这篇"摘要论文"，如上述，在非旋转坐标中勉强能用，但竟然无法满足在旋转坐标中能量和动量守恒原理。爱因斯坦对旋转坐标特别重视，因为他认为他的引力场相对论能证明物体惯性的来源。以牛顿力学看惯性，在无外力下，物体静者恒静、动者恒动。由恒静到恒动，则需要力量，力量推的就是物体拥有的惯性质量。但惯性为何物，牛顿费尽心机，想象出"牛顿水桶"（Newton's bucket）思维实验，把水桶转起来，因水的黏滞度和它与水桶的摩擦力，水桶就带着水一起转起来，边缘水面就高于中心水面，显现出水的惯性。牛顿认为惯性来自于物质与物质外的绝对空间（absolute space）互动，是整个绝对空间给予了水的惯性。

这个看法，不被爱因斯坦敬佩的英雄人物马赫（1838—1916，是第一个拍摄到子弹突破音障相片的人，超音速几马赫就是用他的名字）赞同，他又重新组装了一个"马赫原理"（Mach Principle）思维实验，这次是挪掉水桶，只把一团水移到极深的宇宙中，将它沿一个特定方向的轴旋转起来。他认为水球自转，或水球静止而周围的宇宙相对旋转，水球会以旋转轴为中轴呈扁圆形状，是因为水球和宇宙其他物质间的相对（relative）互动而产生惯性，而不是如牛顿所言与空无一物的宇宙绝对空间互动而产生的。（马赫的相对原理，在本书"后记"中详谈。）

牛顿的力学，永远以"绝对"两字挂帅：绝对时间、绝对空间、绝对质量，只有如此定义，牛顿的力学，才能完全客观（objective）地在宇宙中存在。爱因斯坦的力学，以马赫原理为基石，一切都是相对的。惯性坐标没有哪一个是客观上绝对静止的，都是在主观（subjective）的相对匀速运动状态。这个相对思维，爱因斯坦甚至把它延伸到动的加速度和静止的引力场相对的存在上。爱因斯坦的宇宙，没有客观的绝对，只有主观的相对。

"摘要论文"发表后，爱因斯坦兴奋地告诉马赫，他的理论可证明"马赫原理"的正确性，因它可以旋转物体本身，也可以在物体静止下旋转坐标轴体系，如果得到同样的物理结果，就证明完毕，大功告成了。

不幸的是，他的方程式，在旋转坐标转移过程中产生了一堆垃圾。

一桶冷水浇下来，当头棒喝，爱因斯坦开始觉得事态严峻。

第三，他和使他激发出时间相对性灵感的贝索一起以"摘要论文"中的引力场张量方程式，计算水星轨道的近日点进动（perihelion precession）偏差。两人各自独立计算了 25 页，共 50 页，比较结果，只得到了 18 角秒的数值，比所需的 43 角秒相去甚远。

1859 年，奥本勒维耶（Urbain Le Verrier，1811—1877）以 1697—1848 年间对水星的天文观测数据为依据，发现它的绕日轨道，每一年并不回到相同位置，而会在近日点附近移动，移动的幅度每 100 年约为 574 角秒。他以牛顿力学计算，把所有能影响水星绕日轨道的天体全包括进去，仅得每 100 年约 531 角秒的移动幅度，还剩下 43 角秒没有着落，成为 19 世纪天文界的悬案（图 16）。

第八章说明爱因斯坦的引力场是一个不折不扣以动力学状态存在的四维时空曲度，它的内涵比干巴巴的牛顿力学要丰腴得多。爱因斯坦在共变和旋转坐标检测失败后，对水星轨道计算寄予厚望。他和贝索夜以继日，废寝忘食地工作，经过 50 多页计算后，仅得 43 角秒中的 18 角秒，相差巨大。

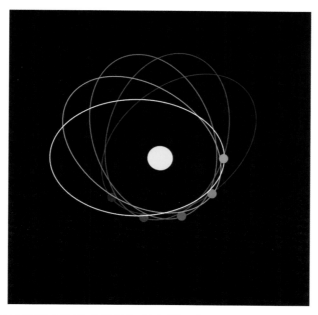

图 16 水星绕日轨道"近日点进动"示意图。［Credit: Benutzer:Rainer Zenz（Eigene Zeichnung）"Public Domain", via Wikimedia Commons］

爱因斯坦本想以水星"近日点进动"的偏差计算，扳回一城，力挽狂澜，然而还是以失败收场。至此，爱因斯坦的"摘要论文"历经有如棒球的三振，已到了出局下场的地步了。

"摘要论文"从1913年6月登场（如包括写论文和发表前评审所需的约4个月时间，应从1913年2月起算），中间经过爱因斯坦以"空穴论证"悖论硬掰，挺到了1915年10月，前后2年4个月（或可计算成2年8个月），最终爱因斯坦以壮士割腕收摊，放弃"摘要论文"，一生再也不提把他装进洞穴的空穴论证。爱因斯坦从洞穴爬出来后，即刻重温苏黎世笔记本中有关里奇－库尔巴斯托罗共变张量的计算，重返数学策略之路。

此时的爱因斯坦，抬头一望，依然看见了挡在眼前波涛汹涌的海洋。但他已经历了苏黎世笔记本和"摘要论文"的磨炼，数学功力已非当年的吴下阿蒙，再加上过去几年在物理直觉上的斩获，信心十足，重新出发。

Chapter

10

第十章
绝对微分

完全符合里奇－库尔巴斯托罗坐标转移"共变"张量的数学相当复杂。在苏黎世这段期间，爱因斯坦数学的需要，大都由同窗好友格罗斯曼供应。1914 年 4 月以后，爱因斯坦被柏林大学挖角过去，薪资优渥，又无教职负担。与格罗斯曼分离后，爱因斯坦才有机会独立作业，开始深入张量计算，眼观鼻，鼻观心，夜以继日地辛苦工作，终于把里奇－库尔巴斯托罗的张量微积分彻底搞通，并且从独立共变和反变张量的基础上，延伸到共变和反变在同一张量出现的新品种的混合张量。这类张量，在张量教科书中常出现，本书中我就暂用一般泛用的名称：混合（mixed）张量。

爱因斯坦大量使用混合张量。另，在张量求和规矩（summation convention）的符号上，爱因斯坦将其简化，只要一个符号在张量的上标和下标同时出现，即为求和之意，取消了每次求和都要标明的 Σ 符号，这又是爱因斯坦的首创用法，他真是最聪明的人。

爱因斯坦要寻找的张量，我们可以把它说清楚些。前文描述过，爱因斯坦的引力场，比牛顿的复杂也丰盛得多，可来自特定的一些天体的质量，外加上天体运动时所含的动能和动量的流动，还有引力场本身的能量，现代人也请别忘了暗物质暗能量，甚至连电磁波的辐射能也要算进去。这些物质、动能和动量等在黎曼流形的四维时空造成了曲度，爱因斯坦要寻找的，就是可以形容这个曲度的张量。但这个张量可不是一般简单的张量，因为它要满足一些数学和物理上的要求。

以我们每天走的路为例。路一般都弯弯曲曲、高低不平。每向前迈出一步，我们的大脑都须先估计要将脚伸出多远，一不小心，不是踏空摔跤，就是脚落得太重而扭伤。其实，我们走出每一步，在脑中都有个图像，就是不管路的高低弯曲，我们都已用脚伸出的幅度，把路面好像给调整成平坦了。

爱因斯坦黎曼流形中的引力场，因是物理作用的自然结果，一般不会有纠结，也不会有悬崖峭壁的几何结构，但高低弯曲难免。爱因斯坦的张量，在四维时空中的每一点，都得向下一点伸出很多触角。这些触角都沿在那一点的切线向四面八方伸出去，有的往上，有的往下，也有往左上，也有往右下，在四维时空中，至少得伸出去 4×4=16 个张量触角。如上文解释，在高斯垂直坐标中，16 个触角中，有 6 对是相同的，所以实得 10 个独立的触角。这些触角的长短虽是无限小，但已足够告诉爱因斯坦在引力场的曲面上迈出下一步时，步子的深浅远近，保证不会踩空或落脚过重而扭伤。

　　但爱因斯坦的张量要做的比只伸出触角以确定下一步落脚的轻重，多出很多。既然已知该迈出的脚步幅度，何不干脆就把那个幅度大小标（计算）出来，在想象中把那个触角切线方向的落差填平。16 个方向全填平，实际上就是在四维时空那一点，以 16 个标出的幅度搭了一个在想象中无穷小的小平台。使用这个小平台，接受上一点并行转移过来的方程式（包括标量、矢量和张量），再并行转移到下一个小平台。如此接力下去，所有被转移的方程式的数学形状就不会变形失真。所以尽管触角仍然沿着实际的曲度切线伸出去，但实际的并行转移，是在这个想象中的无限小的平台上进行。所以不管引力场实际的曲度，爱因斯坦已知道在这个曲度上如何加加减减，来满足所有物理上的守恒定理。这就是一般所称的共变导数（covariant derivatives）。

　　一般人对于微分的概念是对在二维平面上一个曲线 y 的"斜率"（slope）计算：在 x 方向伸出去一点点 Δx，看曲线在 y 方向的变化 Δy。Δy 除以 Δx 就是斜率。每天都希望下一分钟 Δt 股票能涨 $\Delta ¥$，$\Delta ¥$ 除以 Δt 就是股价涨的斜率，做多的斜率越大越好，但放空的可就惨了。斜率有正有负，也能为零。股价斜率为零，大家穷忙，浪费时间。

　　但从物理角度看过去，斜率为零是条水平的线，不但不差，反而是千金难求。想想看，在二维平面上"微分"后为零的数学函数，一定是个常数（constant），譬如 50 就是个常数，不管在 x 方向伸出多长，50 就是 50，一点无法增加，于是斜率为 0。换言之，50 这个数字，在任何坐标中皆不变。一般黎曼流形的四维几何比二维空间复杂太多，每一点至少要用 $4 \times 4 = 16$ 个度量尺标来形容，沿着任何坐标方向的微分，通常都不等于零。同样地，一个物理方程式沿同方向伸出，斜率也就不等于零，它的量就不增即减，方程式的模样也会发生变化，与图 7 的例子就不一样了。所以，在黎曼流形中，既然沿某个方向伸出去的简单斜率给不出一条水平线，数学家只得努力，在黎曼流形中用智慧合成一个复合张量函数，它的微分只要在一个黎曼坐标中为零，在其他所有的坐标中则都为零。使用这个张量函数进行坐标转移的微分，所有被转移的物理、数学和任何方程式，就等于被当成常数处理，在坐标转移的过程，天生的就不发生变化。这个给坐标转移使用的复合张量函数的微分方程式，在 1893 年刚现世时就被称为共变导数。

强大的"绝对微分"

其实这个在黎曼流形几何中神奇的微分方式，也适用于反变和混合张量，1900 年后就被改名成更强大的"绝对微分"[10]（附录 2）。

满足绝对微分的张量，在黎曼流形有曲度的几何空间进行坐标转移时，使用的是在每一点都满足绝对微分的度量，就如第八章"苏黎世笔记本"中所描述的，转移前后张量的形状完全不变。

"绝对微分"论文发表后，里奇－库尔巴斯托罗骄傲地宣布，他要把绝对微分放到每个需要它的人的手中。实际的情况是，绝对微分发表后的十多年，只有里奇－库尔巴斯托罗和他的几个学生使用。一直等到爱因斯坦开始使用后，它才变成相对论不可或缺的宝物，名垂后世。

对绝对微分有重大贡献的三位大师，是前文提到过的里奇－库尔巴斯托罗、列维－奇维塔和克里斯托弗。一般的说法是里奇－库尔巴斯托罗发明了张量微积分，列维－奇维塔创造出了多维几何点与点间的连络技巧，克里斯托弗找出了点与点连络时能满足绝对微分所需要的"克里斯托弗"符号。这个符号贯穿了爱因斯坦引力场相对论的计算中，现代数学家以希腊大写字母伽马 $\Gamma_{\mu\nu}^{\alpha}$ 表示。

爱因斯坦的苏黎世笔记本中，$\Gamma_{\mu\nu}^{\alpha}$ 以 $\left[\begin{smallmatrix}\mu\nu\\\alpha\end{smallmatrix}\right]$ 符号表示（图 15）。

第一次接触到这段从 1869 年就开始展开的历史有些困惑。张量微积分数学的发展，是一段连续的历史，在克里斯托弗事业的黄金时段，张量数学的成熟度肯定已够他用。以后再由里奇－库尔巴斯托罗集大成，被后世誉为张量微积分的"开山祖师"，可理解。三位大师中，克里斯托弗最年长，1829 年生，1869 年他从黎曼流形中成功发展出"克里斯托弗"符号时[11]，里奇－库尔巴斯托罗才 16 岁，列维－奇维塔负 4 岁。那为何"克里斯托弗"符号要使用尚未出生的列维－奇维塔连络（connection）技巧，才能在黎曼流形中发挥作用呢？仔细追查了一下，发现后代数学家又是太过热情，给了列维－奇维塔名过其实的荣誉。列维－奇维塔在 1917 年的确发表了在各类几何多维空间并行转移的连络技巧[12]，又因为他也做了集大成的工作，所以后世的史学家就把所有几何（包括黎曼流形）中的点与点的连络技巧的创始人荣誉给了他。

显然的，共变导数或绝对微分不是一般只得到切线方向斜率的简单微分，它还得在这斜率上加加减减，自动调整到建构成想象中包围那一点的一个无穷小的平台，以保证所有方程式，包括极少数的物理守恒方程式，在坐标（涵盖所有惯性和加速度坐标转移，旋转的和不旋转的坐标全在内）向下一点转移时，保持原来的数学形状不变，如图 7。这类坐标转移前后数学形状不变的方程式，即是爱因斯坦最终要寻找的全面共变（general covariant）张量。

爱因斯坦的张量做得比这个更细致。他在每一点修正幅度的基础上，又佐以另一个四维时空触角，即把每个标出的"度量"，又细分了 4 个，总共 $16 \times 4 = 64$ 个想象中的小平台支撑，其中 24 个相同，实得 $10 \times 4 = 40$ 个支撑。这是爱因斯坦使用混合张量的一个鲜明的例子，在附录 2 中会解说一下。

再加强印象一次。由每点往外伸出的触角，一般称为"连络"，是里奇－库尔巴斯托罗的学生列维－奇维塔发明的。而每一点建构平台的幅度，共 40 个独立数字，由克里斯托弗首先算出来，所以就被称为"克里斯托弗"符号。

在微积分的计算中，一个复杂曲线的长度，是由无穷多个的无穷小的直线长度加起来的总和。爱因斯坦四维时空曲线的长度，也是经由共变导数（或绝对微分）后，由无穷多个的无穷小的想象中满足共变导数的"度量"连络起来的总和。

在这里用了好多个"想象"字眼。就有如走路，尽管我们实际上是走在弯曲不平的路上，但每迈出一脚，高低轻重已完全先由大脑设计完毕后再发出正确指令，我们也就好像走在一个"想象"中平坦的道路上一样。

现在假设我们开着一辆载满货物的车，在这个满足共变导数张量的曲线上行驶，爱因斯坦现在就能绝对保证所有的货物、卡车、司机和押货人员，全部安全抵达目的地，用物理术语，就是完全满足所有的守恒定理。

如果爱因斯坦表达曲线的张量不对，没有使用共变导数或绝对微分技术，就像苏黎世笔记本和"摘要论文"中所用的张量一样，没有完整的加加减减打造平台的工程步骤，那就会每通过一个检查站，车上的东西就少了些许，最后可能落到连司机都会丢掉不见，甚或出了车祸，以物损车毁人亡收场。这也是苏黎世笔记本和"摘要论文"的路走不通的根本原因。

共变张量与反变张量

爱因斯坦的引力场物理，有各类型的参数。简单的有矢量和张量型的速度和加速度，较复杂的有引力场梯度（gradient）张量等（如一个人的头和脚两处，因与地心距离不同，脚部的引力大于头部，两部位的每单位长度的引力场强度差，即为引力场梯度）。每类型的参数，要使用不同类型的张量，进行坐标转移的计算，比如引力场梯度用共变张量表示比较容易，而速度和加速度等，用反变张量较妥，一切看自然需要。爱因斯坦的引力场黎曼流形中，所要处理的物理参数众多，为了需要，他就把里奇－库尔巴斯托罗共变张量中也加进了反变张量，并找出这两类张量同时在一条方程式中出现时的计算方法。共变张量和反变张量皆可处理相对论中的物理要求。

反变张量和共变张量的坐标转移数学操作规则，在张量教科书中，一寻即得。但它们的物理含义一般较难理解。爱因斯坦引力场相对论数学皆以张量挂帅，懂点张量在转移坐标时最基础的物理意义值得花点力气。现以引力场梯度和物体的速度，在此略微说明共变张量和反变张量在坐标转移时所携带的数学和物理方面的含义。

引力场性质和我们熟悉的电场相似。电场平常以所在空间每一长度单位有几伏特（volt，V）来衡量，假如在 X 方向每米 6 伏特，Y 方向每米 7 伏特，Z 方向每米 8 伏特，如以 3 个互相垂直的 X/Y/Z 方向 1 米（m）的坐标尺标来表示，就是 6V/m，7V/m，8V/m。如果这个张量要以另一个 3 个互相垂直的 X/Y/Z 方向的坐标尺标来表示，X 方向尺标缩短 1000 倍，变成 1 毫米（mm），其他 Y 和 Z 方向的尺标长度仍然为 1 米，这组张量在新的坐标就要以 0.006V/mm，7V/m，8V/m 表示。因 X 方向尺标缩小 1000 倍，X 方向张量数值跟着一起缩小 1000 倍，由 6V 变成 0.006V。因为张量变化的方向和坐标尺标变化同步，因此以共变张量命名。电场、引力场和其他有位能、电位性质的场，一般以共变张量处理，为最自然方便。

相对论中黎曼流形中的曲度由引力场而来，所以使用共变张量也最为自然。

场方程等号的右方，称为"质量－能量－动量"张量，简称"能量－应力"张量。这组张量是用来处理引力场来源而发展出来的，其中涉及质量和物体的速度，在坐标转移过程中，与位能、电位性质的场不同。以速度为例，如它在 X 方向每秒 6 千米，Y 方向每秒 7 千米，Z 方向每秒 8 千米，如以三个互相垂直的 X/Y/Z 方向 1 千米 / 秒的坐标尺标来表示，就是（6km/s，7km/s，8km/s）。如果这个张量要以另一个三个互相垂直的 X/Y/Z 方向的坐标尺标来表示，X 方向尺标缩短 1000 倍，变成 1 米 / 秒，其他 Y 和 Z 方向的尺标长度仍然为 1 千米 / 秒，这组张量在新的坐标就要以 6000m/s，7km/s，8km/s 表示。因 X 方向尺标缩小 1000 倍，X 方向张量数值反而增大了 1000 倍，由 6km 变成 6000 米。因为张量变化的方向和坐标尺标反方向化，因而以"反变"张量命名。

结论："能量 − 应力"张量涉及质量和物体的速度，使用反变张量最自然。

人的质量、物体的温度、粒子在四维时空的速度、能量和动量守恒等定律，不会因使用不同坐标的尺标，就会质量变少、温度变高、速度变慢或者能量和动量增加。坐标只是拿来量东西的。例如坐标量动量中的速度由"千米 / 秒"变成"米 / 秒"，动量中的速度也跟着以"米 / 秒"做新的速度单位就是了，没什么大不了的，不管是共变、反变或混合变，只要跟着坐标一起变就是了，实质的物理和数学的意义都没有改变，即你质量多少还是多少，不会因改变一下坐标，无需经过痛苦的节食过程，就能达到减肥的目的。要不，早就人手一套减肥坐标了。

在爱因斯坦的引力场相对论张量方程式中，视需要而定，共变张量和反变张量混合使用，甚或使用混合张量，但皆以自然物理的要求为准绳，绝不勉强。这 3 种张量在坐标转移计算中略有不同。

在此再强调一次，共变张量用来形容张量坐标转移的共变（covariant），与共变导数所用的共变（covariant），两者的数学意义毫不相干。

附录 2 中标示出共变导数或绝对微分的函数形式，并说明在"最好"或"高斯垂直"坐标中，如这类微分在一个坐标中为零，如前文所述，就在所有坐标中皆为零。使用这个重量级"零"的联系，就可取得克里斯托弗符号和黎曼流形度量之间函数关系的方程式。在这个数学函数关系被自动满足的条件下，所有能用张量表达的数学函数，包括所有物理的守恒定律，还有在弱引力场和低速度下回归成牛顿力学的要求，在黎曼流形几何全面坐标转移中，方程式形式，如图 7 中所举的例子，皆不变。达到这个重要目的后，剩下的就是把黎曼流形的度量尺标和实际的引力场张量 $T_{\mu\nu}$ 严丝合缝挂钩，就大功告成了。即度量张量随 $T_{\mu\nu}$ 在黎曼流形四维时空不同点调整，克里斯托弗符号随度量调整，但维持和它的绝对微分函数关系不变。

奠定基础

爱因斯坦完全掌握张量技巧后，在 1914 年一年中，共发表了 13 篇有关相对论的论文，尤其是在 10 月 29 日的那篇，爱因斯坦以崭新取得的张量数学能力独立发表"广义相对论的正式基础"[13]，掷地有声。这篇论文是爱因斯坦在追寻场方程过程中一个重要的里程碑，也是第一次坚实地奠定了引力场相对论的正式基础，那就是张量微积分。爱因斯坦使用了文中最新的黎曼流形中度量张量理论，再次导引 1907 年光因引力场弯曲和红移的方程式，与粒子在黎曼流形四维时空曲度中的捷线（geodesics）飞行的方程式。光子、粒子和星体等，在有引力场存在的黎曼流形的四维时空中，自由落体的飞行轨迹是一条捷线。捷线就是在地球表面上越洋飞机所飞的最短距离或俗称的大圆航线。

在这段期间，爱因斯坦虽然尚未找到最终全面共变的场方程，但每天都有进步，朝着目标方向平稳前进。更重要的，四周查看，并没有竞争者，只要以正常速度往前走就行。

1915 年开年后，爱因斯坦到处演讲，推心置腹地解释引力场相对论的物理内涵，听众有各行业的学者，以物理和数学专家居多。列维－奇维塔也主动联络爱因斯坦多次，加强他对张量的理解，爱因斯坦受益匪浅，赞语："我欣赏您计算方法的优雅，像是骑在一匹数学宝马上在原野奔驰，而我却只能用笨拙的双腿，在地面艰苦步行。"爱因斯坦演讲，一向掏心掏肺不留底，尚未留过后遗症。但久而久之，不可避免地就遇上讲者无意，听者有心的局面。终于，爱因斯坦以张量微积分数学为基础的相对理论引起了数学泰斗希尔伯特的密切关注。

希尔伯特是位伟大的数学家，以希尔伯特 23 问数学难题（Hilbert's 23 problems）留名。希尔伯特虽以数学为专业，但也酷爱物理。他的同行，即爱因斯坦的恩师明科夫斯基，是希尔伯特的物理入门师傅。从 1912 年起，他开始专攻物理，到了 1915 年，全神盯住了爱因斯坦的相对论。同年 6 月，他邀请爱因斯坦来哥廷根大学（U. of Göttingen），做为期一周的演讲，听众反应热烈，令爱因斯坦向所有朋友同行宣布，希尔伯特是他的难求知音。

到了 10 月，如前章所述，爱因斯坦以"摘要论文"中的张量函数，检验了旋转坐标共变性质，同时也邀贝索一起计算水星"近日点进动"数值。两项检测皆以失败和失望收场。爱因斯坦至此才决定宣布完全放弃"摘要论文"，从"空穴"中爬出，重新启动数学策略，仔细检查苏黎世笔记本中数学计算的失误。

在此期间，爱因斯坦仍然和希尔伯特通信频繁，告知进度。希尔伯特也再次邀请爱因斯坦访问，当面详谈并交换对引力场张量发展心得。但不久后，爱因斯坦就获得消息，希尔伯特也正在全力追求场方程。爱因斯坦的解读，以希尔伯特优越的数学功力，大有捷足先登的架势。

爱因斯坦是位顽强的斗士，面临强手希尔伯特的竞争威胁，从 11 月初开始，火力全开，以战斗速度，向场方程做最后冲刺。

Chapter

11

第十一章
开红海

19 15 年 11 月的德国普鲁士科学院（Prussian Academy）每星期四开碰头会，约有 50 位与会院士事先安排好报告时程，交换最新研究成果。报告后论文以当日时间为准，即刻以会议记录（Proceedings）发表。为了简便，我还是把爱因斯坦在这段期间的会议记录以论文 1、2、3、4 称呼。1915 年 11 月的 4 个星期四落在 4、11、18 和 25 日。以下是爱因斯坦在 11 月的工作进度表。

11 月 4 日：第 1 篇论文中，爱因斯坦已寻得里奇－库尔巴斯托罗张量中所需的"克里斯托弗"符号。这个符号通常以希腊大写字母伽马 $\Gamma^{\alpha}_{\mu\nu}$ 表示，它包含了 3 项黎曼流形几何的度量偏导数（partial derivative）张量，已达到共变导数的基本要求（附录 2）。在弱引力场和低速度下，黎曼流形的度量尺标可回归成牛顿力学方程式。这是爱因斯坦从"摘要论文"的空穴爬出来后，第一次又回顾苏黎世笔记本中的全面共变张量。这篇论文中的场方程仍有严重缺陷，因它还是需要使用一组特殊坐标（special coordinates），尚未达到全面共变境界。

11 月 11 日：第 2 篇论文是爱因斯坦第一次展示以全面里奇－库尔巴斯托罗共变张量为核心的场方程，已将特殊坐标限制取消，但其中仍然有些错误，只能说向前迈进了一小步。爱因斯坦把这篇论文以"宅急送"寄给希尔伯特求教，希尔伯特立刻回信，表示他知道如何纠正论文中的错误，但需要加强物理内涵，故再次邀请爱因斯坦到哥廷根大学面谈，时间定在 16 日周二。爱因斯坦因家事纠缠造成胃痛，以身体不适为由婉拒，但要求希尔伯特寄来纠正版（本书以爱因斯坦发展场方程为主轴，尽量不涉及爱因斯坦的小孩、婚姻、家庭、反战活动等描述。有兴趣的读者，可查阅附录 1 中 [2] 和 [3] 列出的两本爱因斯坦传记）。

希尔伯特在 11 月 16 日以明信片寄给爱因斯坦他的纠正版，可能是最终完整的场方程。爱因斯坦回函，认为他们两人的场方程结果完全一样（coincides exactly），殊途同归。

11 月 18 日：第 3 篇论文，再次以新的里奇－库尔巴斯托罗共变张量场方程，计算水星轨道的近日点进动，这次得到了每百年 43 角秒的数值[14]，解决了当时天文界的世纪悬案。这个结果带给了爱因斯坦一生中最大的情绪悸动，好像心脏都停止了跳动，也立竿见影地治好了婚姻纠纷带来的胃痛。43 角秒是个已知的天文观测数据，至此爱因斯坦信心十足，他终于寻获了在黎曼流形中里奇－库尔巴斯托罗全面共变要求的张量。这项物理计算，他已驾轻就熟，但对数学家希尔伯特而言，几乎是无法完成的任务。爱因斯坦有把握，水星轨道计算，把他最高的物理功力镶嵌在他的场方程中，全人类只此一家，别无分店。他已把希尔伯特远抛于身后，不再有威胁。在这篇论文中，爱因斯坦也再次计算在太阳引力场中光弯曲的幅度，数值是以前的 2 倍，为 1.70 角秒。爱因斯坦知道，他宇宙四维时空的引力场曲度，高高凌驾在牛顿力学之上，已开始发奇功驾驭光波。但他还得耐心等候到 1919 年 5 月 29 日的日全食，才能让普天下的人类知道这个数值的正确性。

爱因斯坦在 1915 年 11 月 18 日创造了奇迹，他终于拿下了 20 世纪摩西的权杖，振臂一挥，劈开了宇宙的红海，带领他人类的子民，进入应许之地（Promised Land），一探宇宙终极的奥秘。

11 月 25 日：在第 4 篇场方程论文[15]中，爱因斯坦最终的场方程已整齐正确的列出如下，

$$R_{\mu\nu} - \frac{1}{2} R g_{\mu\nu} = \kappa\, T_{\mu\nu}$$

爱因斯坦从 1907 年起，中间经历了等效原理思维实验的震撼，初试苏黎世笔记本的数学策略，误入"摘要论文"的歧途，最后在强势竞争的威胁下，以一个月 4 篇论文的战斗速度，终于找到了理解浩瀚宇宙的第一方程式。8 年的拼搏，创造出最深奥、最美丽的方程式，为人类科学文明写下了奇迹。

爱因斯坦的场方程，指的是左边部分。右边的张量是引力场来源，由物质、能量和动量组成，如上文所述，是别人科研的成果，爱因斯坦只是借过来使用。

相对论场方程，虽是贴了爱因斯坦商标的产品，但别人还是可能有独特的贡献。有人认为希尔伯特可能比爱因斯坦早几天导引出广义相对论的完整张量方程式。仔细追查爱因斯坦和希尔伯特间有关物理概念对话的记载，爱因斯坦推心置腹，毫无心防，后者肯定受益匪浅，即刻消化吸收。希尔伯特在 11 月 20 日发表的论文"物理学基础"[16]，比爱因斯坦早了 5 天，应已含有完整的场方程。不幸的是，在这篇原稿中完整场方程可能出现的部分，竟然在 1994 年至 1998 年间被人用刮胡刀切除。目前有的间接证据，甚至可推论出希尔伯特在 11 月 16 日即以明信片寄给了爱因斯坦他已导引出的完整场方程，而爱因斯坦在 11 月 25 日才第一次在普鲁士科学院披露后来以"爱因斯坦场方程"命名的方程式。

有关爱因斯坦和希尔伯特间这段竞争的历史，2006 年后，因新的证据发现，又开始加温，有朝"罗生门"方向进展迹象[17]。希尔伯特是数学大师，数学难不倒他，很有可能率先找到爱因斯坦场方程的第二项张量，但对其物理内涵感觉不深。爱因斯坦也可能从希尔伯特那里得到第二项张量的数学结构，一看到马上认出"就是它！"，即刻体会出其物理涵义。他们两人追寻的就是一个在黎曼流形中时空坐标转移下，全面共变的张量方程式，如图 7 的光速恒定（即四维时空中两点间的"距离"）的方程式在洛伦茨坐标转移前后不变一样。而这个张量，在弱引力和低速度下，一定得回归到牛顿力学方程式。

我的看法是，引力相对论是爱因斯坦的独家创作，他辛苦工作了 8 年，虽然他的数学能力比希尔伯特差一截，但世界上没有任何人有爱因斯坦对引力透彻洞察的物理能力。希尔伯特也有趁火打劫、上山摘桃的嫌疑。公平判决，场方程非爱因斯坦莫属，希尔伯特的贡献登录在案，不必再吵。

爱因斯坦场方程

100 年后，爱因斯坦的场方程依然波涛壮阔，历久弥新，人类其实正在开始从中挖掘更多的宇宙奥秘。

这条方程式实在太漂亮了，我在此略微解读。比较深入的解释，请参阅附录 2。

这条方程式，在黎曼流形中存在。黎曼流形的空间天高地阔，爱因斯坦只取了其中不纠结和无悬崖峭壁部分，保证在坐标转移过程，可使用高斯垂直坐标系统中的最好坐标。引力场中有力和速度的存在，基本是个物理张量的大卖场。在四维时空中，张量皆以 $4 \times 4 = 16$ 个分量（components）现形。这些分量，在一个合理的物理系统中应是对称（symmetry）的，即 $\{1,0\} = \{0,1\}$、$\{1,2\} = \{2,1\}$ 等。所以任何一个张量的 16 个分量中，只剩下 10 个独立分量。爱因斯坦选择使用里奇－库尔巴斯托罗共变张量，以确保任何物理和数学方程式在时空坐标转移的过程中，包括旋转类坐标，维持方程式原来形状，没有变化。为了达到这项张量在坐标转移中全面不变的重大任务，爱因斯坦启用了里奇－库尔巴斯托罗学生列维－奇维塔创造出来的连络技术，以保证从黎曼流形几何中任何一点，以切线能连络到距离无限小的下一点。黎曼流形中包围每一点的几何都是曲面，每点伸出去的 16 个张量分量和其他任何一点都不一样。点和点间的连络，需要一组和所在点位置的"度量"紧密挂钩的 $16 \times 4 = 64$ 个符号，称克里斯托弗符号，才能平稳地托住所有张量在时空坐标转移时不摔跤变形失真。

爱因斯坦的场方程左右两边共 $10 \times 2 = 20$ 个变量。右边的 $T_{\mu\nu}$ 皆与产生引力源的星体质量、动能和动量有关，当然也包括了电磁波与引力场的辐射能量，更得包括近来发现的暗物质暗能量等。κ 为一常数，与牛顿的万有引力常数成正比，和光速的 4 次方成反比。这个常数和引力波的振幅有关，下章会多谈一些。左边的 10 个变量，通过克里斯托弗符号，最后落实在黎曼流形空间每一点的"度量"上，一般以 $g_{\mu\nu}$ 和它的一次偏导数（partial derivative）表示。$R_{\mu\nu}$ 是久仰的里奇－库尔巴斯托罗共变张量，R 是里奇－库尔巴斯托罗标量曲率。

爱因斯坦的场方程是黎曼流形空间每一点的度量的两次偏微分方程式，左右共有 20 个未知数，要解出的是在黎曼流形空间每一点的度量。20 个未知数，10 个联立的偏微分方程式，显然不够。通常可再加上四维时空的 4 个连续（continuity）方程式。连续方程式的物理意义容易懂，在日常生活中每天都会遇到这样的情形，比如在开门方面，从左边走进门那个人，一定是从右边离开门那个人，一接近一离开，绝对连续，跑不掉。但加进来才有 10 + 4 = 14 方程式，还差 6 个。在实际运算中，可把简化后的黎曼流形空间几何已知的条件加进来，也可在宇宙特殊环境中，获得多个数据，例如在空无一物的真空宇宙，右边的 $T_{\mu\nu}$ 中的 16 个未知数可全设为零等（引力波方程式即是用此技巧导引出来的，下章谈），以补足未知数和联立偏微分方程式中数目的差距。

爱因斯坦的场方程使用起来并非易事。水星轨道近日点进动的计算，使用的是第一和第二等级近似值（first and second order approximation）函数，非常繁杂琐碎，不是一个能从他的场方程导引出来的闭合答案（closed solution）。其实爱因斯坦本人深信他的场方程一定是对的，水星轨道的 43 角秒和光被太阳引力场弯曲 1.70 角秒就是绝对的证明，但至今找不到文字记载，证明他本人曾经使用过自己的场方程，导引出来过任何闭合的函数解答。即使最简单的非自旋黑洞球状天体黎曼流形度量的精确闭合数学解答，也得靠卡尔·史瓦西（Karl Schwarzschild，1873—1916）帮他导引出来。难怪现代物理学家都闭起眼睛用超级计算机硬算就是，不必花精神去找数学上精确闭合的解答。

爱因斯坦的场方程动用了高斯、黎曼、里奇－库尔巴斯托罗、列维－奇维塔和克里斯托弗等数学家张量微积分数学，巨人站在巨人们的肩膀上，才能成就宇宙级别的极品丰功伟业（附录 3）。

　　爱因斯坦在 1916 年 3 月 20 日，重新整理了他在 1915 年 11 月的 4 篇论文，以"广义相对论基础"[18] 合并发表。在这篇综合的论文中，他以三分之一的篇幅，细心地介绍了共变张量和反变张量坐标转移的计算，是爱因斯坦 3 年来努力学习的一份漂亮的成绩单。

　　爱因斯坦打造出来的宇宙弯曲的四维时空，以他在 1915 年 11 月 25 日颁布的宇宙交通法规来说，所有天体都得随着时空的曲度，沿着捷线飞行。

　　在爱因斯坦引力场四维时空的每一点都有一个唯一最大引力梯度方向的存在。这个概念可以用一个简单的例子说明。在日常生活中，常常看到水在路面上流动。一般路面，不管明显不明显，都有内在的曲度存在。水在这个曲面上流动，走的是一条引力梯度最大的路线。通常不管路面有多复杂，总有一个唯一的引力梯度方向胜出，水也沿着这个方向流动。

　　在我们生活的三维空间中，这条引力梯度方向胜出的流动轨迹，可能是弯弯曲曲的。在爱因斯坦四维时空的引力场中，经过张量计算，找出在每一点最大的引力梯度方向，这个方向一点接一点地连下去，就成了光子、粒子或天体在四维时空的自由落体轨迹，通称为"捷线"。

　　另一个例子就是地球绕日的三维空间轨道也是以椭圆弯曲形状出现的。以四维时空的高度来看三维空间的轨迹，那是四维时空在三维空间的投影（projection）。在四维时空中，地球绕日的轨迹其实是一条笔直自由落体轨迹的捷线。

　　爱因斯坦称捷线轨迹为运动规律（law of motion），自认为可由他的场方程直接导引出来，有些物理学家不以为然。粒子等捷线方程式的导引不那么困难，但得花点劲儿才能弄出来（附录 2）。

　　爱因斯坦形容黎曼流形宇宙的 10 个联立度量 $g_{\mu\nu}$ 偏微分方程式，求的是要在流形中每一点，解出在那一点的度量。度量到手，就得到在宇宙每一点的曲度。有了曲度，就知道在宇宙中每一点的引力场的强度和加速度。

于是，爱因斯坦就可送出光子、粒子等尖兵在捷线上奔驰，探清整个宇宙的面貌。爱因斯坦的黎曼流形不纠结，也没有悬崖峭壁，所以不相信他的宇宙中有黑洞这回事。但经仔细研究后，并没有任何数学障碍，阻挡他宇宙的度量不能被弯曲到引力场强度连光子都逃不出来的地步。所以，他的黎曼流形的曲度，按联立方程式的规矩，可被剧烈弯曲，只要不断就行。弯曲到脱离速度（escape velocity）超过每秒 30 万千米，我们现在理解的黑洞至少在爱因斯坦的黎曼流形中就得出现。爱因斯坦持不信态度，所以他就没费心思往深处探究，造成后来的物理学家有机可乘，动不动就把女朋友往黑洞里丢，迎着滔天的引力潮进行探测任务。

爱因斯坦在 1916 年终于找到了他的黎曼流形的宇宙。但他在后花园仰望星空，看不出来和 250 年前牛顿看到的星空有什么不同。所以，两者的星空是一样的静态。寻找场方程的竞赛结束后，爱因斯坦一想，糟糕，落下个东西！

宇宙常数

1917 年 2 月 15 日，爱因斯坦发表论文"广义相对论的宇宙考虑"[19]，给他的方程式加了个宇宙常数（Cosmological constant）的尾巴。这个尾巴是个固定的数值（常数），即不论在爱因斯坦的宇宙四维时空中的任何一点，引力场强弱不拘，一视同仁，以一张同值的"粮票"补贴到户。更厉害的是，这个常数也得跟每点的黎曼流形的度量 $g_{\mu\nu}$ 起舞，左弯右拐，务必落实当地户口。宇宙常数的目的，就是要在爱因斯坦宇宙的每一点，供应一个反引力场的力量，天体尽管动，但对浩瀚无边的时空，爱因斯坦给它来个动态的平衡，形成静态宇宙的表象。

1917 年的论文中，爱因斯坦的宇宙常数以小写的希腊字母 λ 表示，后被改成大写的 Λ。

1929 年，哈勃发现宇宙是膨胀的，静态宇宙概念从此变成历史名词。

图 17　1929 年，爱因斯坦拜访哈勃，观看发现膨胀宇宙的望
远镜（Credit: Courtesy of the Archives, California Institute
of Technology）

爱因斯坦在参观哈勃的望远镜后（图 17），发言：宇宙常数是他一生最大的失误（biggest blunder）。

　　1998 年，人类发现了暗能量（dark energy）的存在。暗能量是物理学家归纳于"我知道我不知道"的那类知识，是对人类智慧最大的挑战，占宇宙总能量的 69%，和一般物质占 5% 以及暗物质（dark matter）占 26% 相比，属龙头老大。企图解释暗能量的理论，已达百花齐放、百鸟争鸣的地步，其中以认为暗能量和爱因斯坦的宇宙常数属同类型物理占主流地位。所以爱因斯坦的宇宙常数又大摇大摆地坐回 1917 年爱因斯坦给它的位置。但这次分量属宇宙 69% 第一重量级，未来发展不可限量。

　　连爱因斯坦本人认为是他一生最大败笔的报废物理，一百年后，又变成人类最前沿的攻关科学。爱因斯坦的相对论，波涛壮阔，历久弥新，天才就是天才，这是唯一的结论。

于是，爱因斯坦 1917 年的场方程，在 21 世纪初又以风情万种的丰腴体态出场：

$$R_{\mu\nu} - \frac{1}{2}\, Rg_{\mu\nu} + \Lambda g_{\mu\nu} = \kappa\, T_{\mu\nu}$$

爱因斯坦的场方程，被约翰惠勒（John Wheeler，1911—2008）解读成媒体语言："物质告诉时空如何弯曲，时空告诉物质如何移动"[20]，而场方程所代表的理论，就被称为广义相对论，和御光者的狭义相对论，工整相对。

验证广义相对论

广义相对论的第一个关键验证，当然就是 1915 年 11 月 18 日爱因斯坦对水星轨道的近日点进动计算，理论和观测数据堪称严丝合缝，无懈可击。1919 年 5 月 29 日在赤道上下的非洲西海岸和巴西东岸可观测到日全食，紧贴着日全食背后的毕宿星团（Hyades，距地球 150 光年），正可作为爱因斯坦光子在引力场弯曲的靶星。执英国天文物理牛耳的亚瑟·埃丁顿（Arthur Eddington，1882—1944），为了加双保险，组织了两个观测队，分别到赤道大西洋西、东两岸地区观测。日食时刻，两地及时拨云见日，收集的底片数据，经过 6 个月的分析，终于在 11 月 6 日肯定了广义相对论 1.70 角秒的预测值。爱因斯坦当时仅在行内有名气。消息公布后，很快便名扬世界，成了人类有史以来最出名的科学家，甚或是最出名的人。

名满天下后，小儿子爱德华·爱因斯坦（Eduard Einstein，1910—1965）在后花园问他到底做了什么事才这么有名？爱因斯坦指着树枝上的小甲虫回答：我是第一个说出来它是在曲面上爬的人！儿子回了一声：哦？！

1974 年，约瑟夫·泰勒（Joseph Taylor，1941— ）和他的博士生拉塞尔·赫尔斯（Russell Hulse，1950— ）使用波多黎各阿雷锡波观测站（Arecibo

Observatory）的 305 米直径的射电望远镜，首次发现了 PSR B1913+16 脉冲星（pulsar）－中子星双星系统，并测量出双星系互绕轨道有衰变现象，后以广义相对论证实轨道的衰变来自双星系统的引力波辐射能量的消耗，使互绕周期逐渐变短，造成两星会在 3 亿年后相撞，理论和观测的轨道衰变数值比例吻合到 0.997（图 18）。爱因斯坦的理论预测引力波在四维时空中以光速传播，但振幅异常微弱。这个观测间接提供了引力波存在的证据，泰勒和赫尔斯获 1993 诺贝尔物理奖。

　　1976 年，人类以两架"维京人号"（Viking）首次登陆火星，主要任务

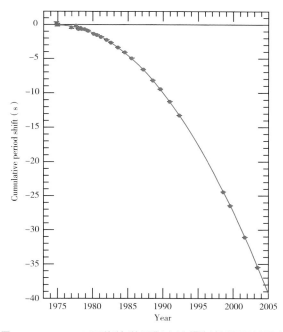

图 18　脉冲双子星 PSR B1913+16 互绕轨道因引力波辐射能量消耗而衰变，使互绕周期逐渐变短，造成两星会在 3 亿年后相撞。广义相对论理论和观测数值比例吻合到 0.997（Credit: Data from J. M. Weisberg and J. H. Taylor, Relativistic Binary Pulsar B1913+16: Thirty Years of Observations and Analysis, July 2004. By Inductiveload [Public Domain], via Wikimedia Commons）

是寻找外层空间生命，附带也做些别的实验，如广义相对论的检验。这类实验主要是测量电磁波通过太阳引力场弯曲的四维时空时，是否紧贴着曲面飞行。像在地球上 A 和 B 两点直线距离 100 千米，约 1 小时车程。但如果两点间有山丘阻挡，公路得弯曲蛇行，因为距离的增加，车程就要超过 1 小时了。同年 11 月下旬，火星进入太阳背面，和地球形成"合"（conjunction）的位置。在 25 日那天，火星和地球连线刚好切过太阳外缘，一束雷达波由地球出发，经由火星上的"维京人号"转发器（transponder）回应，再传回地球。因为这束雷达波通过太阳强大的引力场时，时空被弯曲，雷达波得顺着曲面走，以广义相对论预测，它所需的传播时间应会增加。这次的实验，雷达波双程传播所需的时间（来回距离 5 个天文单位，约 2500 秒），比没有经过太阳引力场所需的传播时间多出了 250 个百万分之一秒，实验和爱因斯坦理论的符合度达 99.5%。在这之前，也做过类似的实验，例如通过水星和金星地表的雷达波反射，和使用"水手号"（Mariner）6、7、8 三艘宇宙飞船的转发器，数据虽不如"维京人号"精确，但实验和理论的符合度也都在 95%～98% 之间。

1976 年还有另外一个检测在不同强度的引力场时钟变化的实验。"引力探测仪 A"（Gravity Probe A，GP-A）于 6 月 18 日由美国维州东岸发射，抵 1 万千米高度，在轨时间 1 小时 55 分钟。实验所使用的时钟精确度为一千万亿分之一，即一亿年仅有 2 秒误差。实验结果，理论和实验数值的符合程度为 99.993%。

1997 年 10 月 15 日，美国航空航天局、欧洲航天局、意大利航天局合作，发射了"卡西尼－惠更斯号"（Cassini-Huygens）宇宙飞船，经 7 年航行，于 2004 年 12 月 25 日抵达土星，主要任务为土星轨道探测和登陆土星最大卫星土卫六（Titan），也顺便以比"维京人号"更长的距离，再次检测电磁波通过太阳引力场的时间延迟效应。图 19 的艺术家示意图中，卡西尼太空探测仪发出的无线电波，在通过太阳引力场时，因四维时空的弯曲，造成无线电波延迟抵达地球效应。实验数据和理论预测的吻合达 99.998% 精确度。

　　写到这，我得感叹一下，如无爱因斯坦引力场的相对论，人类接到从遥远宇宙传来的讯息，就沦落到左一个不知道、右一个看不懂，多惨呀。当然有人会说，这个共变张量引力场相对论理论，迟早会被聪明的人发明。但那可能是几十年甚或几世纪以后的事。我的一生，若没拥有爱因斯坦相对论的知识，会显得无比的贫瘠和苍白。爱因斯坦场方程，像一座堆满了宝物的宫殿，包罗了几乎所有大尺度的宇宙知识，有些爱因斯坦自己进一步挖掘，比如光在引力场中的弯曲和红移、水星轨道和引力波等的预测与计算等。有些意想不到的内涵，由别人努力寻找出来，如黑洞和引力场透

图 19　艺术家示意图：卡西尼太空探测仪发出的无线电波，在通过太阳引力场时，因四维时空的弯曲，造成无线电波延迟抵达地球效应。实验数据和理论预测的吻合精确度为 99.998%（Credit: NASA/JPL-Caltech）

镜等。尤其是黑洞，在爱因斯坦发表他的 11 月 25 日"会议记录"论文后，史瓦西随即在 12 月 22 日就导引出爱因斯坦场方程中非自旋球状黑洞精确的数学闭合解答。爱因斯坦刚开始仅把它们当成数学的结论，并无实际物理意义，但经过了百年验证，这些不违背数学结论的好奇预测，竟也在宇宙到处存在，遍地开花。爱因斯坦全面共变张量的场方程，是他赠与人类的一笔巨大的智慧财富，大家只管尽情享用就是。

2004 年 4 月 20 日，美国发射了"引力探测仪 B"（Gravity Probe B，GP-B），主要任务是检验爱因斯坦理论中的引力场"参考系拖拽"（frame dragging 或 Lense-Thirring）效应，比如因地球自转，紧贴着地表的四维时空坐标，就会被地球拖着一起转，产生引力场涡流现象。这个理论，专家们花了好大的力气，才从相对论中挖掘出这块瑰宝。而美国航空航天局要经过 42 年研发，耗资 7.7 亿美元，发展出 4 套人类有史以来最精确的陀螺仪，可在 10 英里（约 16 千米）外量得一根头发的厚度。陀螺仪的核心是个乒乓球大小的水晶体，如将其放大到地球体积，球面的高低差不超过 3 米。全宇宙中，只有中子星比它更圆。除去"参考系拖拽"效应外，"引力探测仪 B"也测量陀螺因地球引力场曲度而造成陀螺方向的变化。因地球的引力场很小，参考系拖拽效应微弱，GP-B 的陀螺仪以飞马座（Pegasus）的 HR8703 星为参考方向，在地球轨道上转一年，仅得 37.2 毫角秒（mili arc seconds，mas，理论值为 39.2 毫角秒）变化，但这个数据在两个标准值的置信度下误差为 19%，相当大，说明这个实验真难做，也永远不会有别的政府肯再花钱去复制这个实验。陀螺仪在地球引力场曲度中的变化较大，为每年 6.601 角秒（理论值为 6.6061 角秒），是上文谈到的光在太阳引力场弯曲 1.70 角秒的 3.8829 倍。陀螺仪精确度为一万分之一（图 20）。

GP-B 主要研究员弗朗西斯·埃弗里特（Francis Everitt，1934—）与我私下交谈中告知，37.2 毫角秒中近三分之一的变化来自时间轴的拖拽效应。

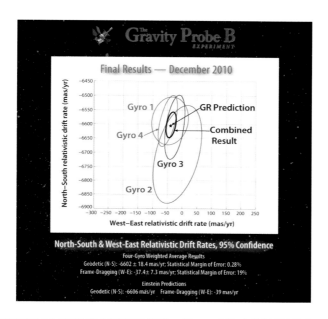

图 20　"引力探测仪 B"在绕极太阳同步轨道一年，4 个独立的陀螺仪（Gyro）所发生的
变化。横轴显示的是参考系拖拽效应，实际在轨道上测量到的平均值为每年 37.2
毫角秒，理论值为 39.2 毫角秒。37.2 毫角秒中近三分之一的变化来自时间轴的
拖曳效应。陀螺仪在地球引力场曲度中的变化较大，实际在轨道上测量到的平均
值为每年 6.601 角秒（理论值为 6.6061 角秒），是上文谈到的光在太阳引力场弯
曲 1.70 角秒的近 3.8829 倍。陀螺仪设计的精确度为一万分之一（Credit: Francis
Everitt/GPB/NASA）

　　光波在引力场被弯曲的观测，是爱因斯坦相对论伟大的胜利。爱因斯
坦的理论也预测黑洞的存在，更预测引力场透镜成像。爱因斯坦生前明白
表态，他两者都不相信。哈勃望远镜 1990 年 4 月上天后，竟然观测到引
力场透镜现象。不是一次，也不是两次，而是在宇宙遍地开花，欲罢不能。
爱因斯坦不信的原因很容易理解，因为引力场透镜成像，需要的距离动辄
上百亿光年。除了无法想象的距离外，望远镜科技也要更上一层楼，才有
可能看清楚微弱的影像。图 21 是 2015 年在飞马座方向发现的一颗类星体

（quasar），距地球 80 亿光年，经由距地球约 4 亿光年外的引力场透镜聚焦，在哈勃望远镜上成像。这颗单一的类星体光线被引力场弯曲聚焦后，形成了中心和周围的 4 个独立的光点，组成了异常特殊的十字形的图像，蔚为奇观，名"爱因斯坦十字"（Einstein Cross）。

2015 年 9 月 14 日，人类终于直接侦测到爱因斯坦在 100 年前就预测在案的引力波（gravitational wave，GW），命名 GW150914。侦测到引力波的存在，就直接证明爱因斯坦的四维时空，虽来自复杂张量的结构，犹如数学方程式的虚无缥缈，但它真实的程度，已如穿在身上的纺织纤维，唾手即可触摸得到。

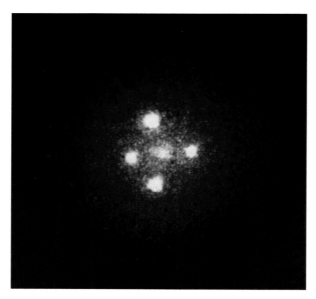

图 21　在飞马座方向距地球 80 亿光年的一颗类星体，经由距地球约 4 亿光年的引力场透镜聚焦，在哈勃望远镜上成像。这颗单一的类星体光线被引力场弯曲聚焦后，形成了中心和周围的 4 个独立的光点，组成了异常特殊的十字形的图像，蔚为奇观，名"爱因斯坦十字"（Credit: NASA, ESA, and STScI [Public Domain], via Wikimedia Commons）

Chapter

第十二章
引力波

引｜力波在 100 年前，就埋伏在爱因斯坦的场方程中。

爱因斯坦的场方程是 10 个联立的，即同时成立的，四维时空的度量偏导微分方程式。在微分数学中有微分和偏微分（partial differential）的区别。微分较容易懂，如同坐飞机想升舱位是单一因素，多花 2000 美元升进公务舱，多花 4000 美元坐头等舱，一个价码一个结果就是微分。日常生活中我们也常说，如果别的几个因素相同，只有这个因素改变的话就如何如何。对一个事件的变化，只从一个单一的因素考虑，把别的因素按住不动，就是沿着那个特定方向伸出切线（tangential line）触角，来检测下一步的幅度高低，这就是数学上的偏微分，也可称为偏导（partial derivative）。2008 年的金融海啸，就是大鳄忽悠出太多的偏导衍生产品（derivative products），买空卖空，造成国际金融货币体系崩盘。

要解出爱因斯坦在四维时空中每一点的 $4 \times 4 = 16$ 个不同方向的度量尺标 $g_{\mu\nu}$ 不是件容易的事。在特殊的一组物理条件下，现代专家常常眼睛一闭，启动超级计算机，把它硬算出来就是。但关于度量尺标 $g_{\mu\nu}$ 的一般计算五花八门，各村有各村的高招，各显神通就是。

引力波的计算在实际情况下也可能相当复杂。这好比在波涛汹涌的海面上计算水面波（surface waves）的速度和幅度一样，不是不可能，只是情况太乱，干扰因素太多。如果把同样实验搬到风平浪静、湖面如镜的台湾"日月潭"上去做，保证依然可以找到同样物理内涵，并且容易完成任务。

宇宙中引力波的计算也有一个类似的快捷方式。

先想象一下引力波在宇宙发生和传播的情况。引力波的产生需要在宇宙某处先发生一个巨大的引力场强度变化，例如一个巨大的天体通过宇宙暴烈事件突然消失，就会在当地引起引力场的波动，传播出去。所以，引力波一定出身于一个惊天动地的天体或黑洞大相撞或大爆炸的事件。当然，泰勒和赫尔斯在 1974 年观测到的脉冲双子星的轨道互绕衰变事件也可包括在内。宇宙中所有的相撞或大爆炸事件，都涉及能量的转移，即通过爱因

斯坦出名的 $E = mc^2$ 方程式，把天体失去的质量，骤然间转换成能量，然后迅速地以光速脱离现场。我们知道的宇宙中，质量和能量间的转变可在 4 种力量中进行。强核力和弱核子只限于核子间的距离，与宇宙极大尺度无关，在此略。质量也可转换成电磁波或引力波能量，后两者皆可在浩瀚的宇宙做长距离的传播。牵扯到暗能量和暗物质部分，现在尚朦胧不知。

电磁世界我们最熟悉，也以测量到的宇宙背景电磁微波，得知我们能观察到的宇宙诞生于 138.2 亿年前，其中包括了 5% 我们周期表上所列的元素，26% 暗物质和 69% 的暗能量。从电磁讯息也得知，在 50 亿年前，我们的宇宙开始加速膨胀，继电磁和物质能量之后，暗能量开始取得宇宙的主导权。目前以任何一点为宇宙中心，每增加 100 万光年的距离，膨胀速度就增加每秒 20 千米，这个数字就是通称的哈勃常数（Hubble constant）。以哈勃常数估计，距地球 150 亿光年远的空间，正以光速远离地球而去。但目前我们宇宙的密度很接近临界密度，即宇宙的终极归宿，还是一个向不收缩也不膨胀的平直状态的宇宙无穷接近。[21]

如果质量全转变成电磁能量，天体相撞或爆炸，就会在宇宙形成强光一闪，这个强光在此可包括电磁波的整个频道，从极短波长的伽马闪爆（gamma burst）到极长的无线电波波段都有，从地球望出去，看到的是宇宙的一场绚烂的烟火秀。

但是质量和能量的转变，还有一条人类极为生疏的途径可走。当人类刚取得外层空间电磁波文明世界的会员卡时，爱因斯坦就预测，天体相撞或爆炸所产生的能量也可通过 $E = mc^2$ 完全转变成引力波能量，以光速传播出去。巨大的质量一下子因为相撞或大爆炸事件而以光速溜走消失，就好像对当地的四维时空纤维重重地敲了一铁锤，触发了引力波。由这个管道传出的引力波，外溢到电磁波段中的能量异常微少，可达到在电磁波段黝黑一片的地步。巨大天体相撞或爆炸的暴烈事件，引力波竟然拉黑了电磁波，成了阴阳两界、生死不相往来的对头，在电磁波段，竟然没留下任何能量转移的火光，这又是爱因斯坦场方程在 100 前年的一个神奇的预测！

微扰理论

在我们能观测到的 138.2 亿年老的宇宙中，引力波以周期的长短为准，可粗略地分成 4 类。

1. 周期在毫秒至秒范围，主要由旋转的脉冲中子星的引力辐射和碰撞合并衰荡所引起，超新星爆炸也能产生毫秒周期范围的引力波，两黑洞相撞合并后衰荡（ringdown）亦可引起相同效果。这类的引力波波长约数百至数千千米，可以地面的激光干涉仪（laser interferometer）侦测。

2. 周期在分至时的范围，主要由中子星或黑洞被位于星系核心的超大质量（supermassive）的黑洞捕捉后所引起，或两个巨大黑洞相撞合并衰荡也能激起此类引力波。这类引力波的波长约在百万至千万千米级数，得使用上百万千米长度的太空激光干涉仪才有可能侦测到。这类太空激光干涉仪也有可能侦测到原初（移）引力波。

3. 周期在数十年的范围，主要来自两星系核心的超大质量黑洞的碰撞合并衰荡。两星系核心上亿太阳质量级的黑洞碰撞属宇宙极稀少事件，这类引力波的波长约上千亿千米级数，它对脉冲星自然发射出的毫秒信号因引力波对局部引力场的增减效应会产生有规律性的调整局部时间作用（第六章第 51 页），目前以地面脉冲星计时阵列（Pulsar Timing Array，PTA）技术侦测。

4. 周期在数十亿年的范围，主要来自宇宙大霹雳产生的原初（primordial）引力波，其波长约上数十亿光年，与我们的宇宙大小同级数，它对宇宙背景电磁微波有挤压和舒展的作用，烙印在背景电磁微波的温度变化上，这个背景温度变化以原初引力波的周期出现，普朗克卫星

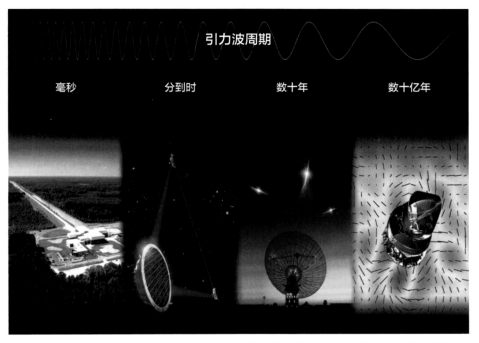

图 22　引力波的周期和各类引力波的侦测技术（Credit: 美国航空航天局）

（Planck）应有可能侦测到原初引力波[21]，另太空激光干涉仪也可能有能力侦测到这个属圣杯（holy grail）级别的引力波（图 22）。

　　把引力波从爱因斯坦场方程找出来，在概念上不难。前文和附录 2 中列出引力场来自方程式右手方边的质量、能量和动量等函数，这些函数中至少有 10 个未知数，一般也都不是省油的灯，就像前面列举的在汹涌的波涛上寻找水面波的例子，不是不能，但显然极为困难。聪明的爱因斯坦，快刀斩乱麻，决定要检查引力波本质，也一样可以把它挪到像日月潭平静的湖面上去做。于是，爱因斯坦就把场方程的右手边的 4 × 4 = 16 个引力场源的函数，全设为零。即在一个没有引力源的四维时空，一切回归成明科夫斯基的四维时空平面，宇宙是平面的欧几里得几何，达到了日月潭平静湖面的物理环境。

问题马上来了。要研究引力波，现在竟然把引力波的源头引力场关掉，这引力波该如何产生啊。别急。在一望无际光滑如镜的湖面上，我们也看不到水面波活动的踪影。但我们可以在平静的湖面丢下一块小石子，就能产生以小石子落水处为中心激起的朵朵涟漪微波，以水面波速度，荡漾出去（图23）。以很小的扰动制造出要研究的物理现象，数学上的术语称微扰理论（perturbation theory），尤其使用的是极微扰，只能引起第一阶层最基本但最富物理内涵的反应，就被称为线（linear）性微扰理论。

物理真可爱，只要给它点极微扰关怀，它就掏心掏肺地现出底牌，让你看个够。更重要的，只要极微扰到点子上，就好像打开了一个秘密开关，内在的物理力量就启动了，极微扰的后续动作顺其自然的就一步步有层次

图23 极微扰激起的朵朵涟漪微波，以水面波速度，荡漾出去（授权：黄建玮）

地在眼前展开。换句话说，极微扰一启动，就停不下来，没有回头路。

线性极微扰技术也可使用在明科夫斯基的四维时空平面上，制造出引力波的传播。

在四维时空中，情况略微复杂些，所以我们得把情况再简化一下。在黎曼流形的曲面上，度量尺标上扭下拐左弯右曲地需要 $4 \times 4 = 16$ 个 $g_{\mu\nu}$ 来详细形容，但在空无一物的狭义相对论的四维时空，只需 4 个度量尺标就行，即时间需要一个滴答滴答的钟表，其他 3 度空间各需一个相同的标准度量尺标即可。在我们生活其中的 3 度空间，除非自找麻烦，否则一般都使用 3 个互相垂直的标准单位长度的坐标 X、Y 和 Z 来决定在某时间的空间一点到原点的距离。要把引力波的踪迹在这组坐标中呈现，最容易的做法是假设引力波沿 Z 轴方向传播。通过这样的安排，引力波动的振幅就被限制在与 Z 方向垂直的 X-Y 平面上。与水面波和电磁波一样，所有的波动一旦开始振动，就得以特定的速度扩散传播出去。图 23 例子中，水面波的微扰振幅很小。同样地，我们也可在引力波 X 和 Y 两个方向的标准度量尺标上，加上一点点线性微扰振幅。微扰一开始工作，就如在四维时空黎曼流形中的度量尺标被引力波微扰一样，触发的引力波就以光速沿着 Z 轴方向传播出去。

从爱因斯坦的全副武装的黎曼流形场方程看来，引力波的振动幅度，与前面提到的 κ 成正比。κ 是个常数，与光速的 4 次方成反比，数值约为千亿亿亿亿亿分之二，即 2×10^{-43}。光速是在全宇宙中一个唯我独尊的巨大常数，它的 4 次方更是大得不得了。引力波的振动幅度和 κ 同进退，数值也就小到了不行，估计在一百亿亿分之一米级数附近，即约 10^{-18} 米。换个物理的角度来看，也说明质量、能量和动量与四维时空结构纤维的亲和力极为微弱，造成引力波的侦测，对人类科技是个严峻的挑战。

在前文中也提到过声波的速度在不同硬度材料中传播的速度不同，即材料越硬，速度越快，在人类所知最硬物质钻石材料中传播的速度，约每秒 12 千米。引力波的速度为光速，每秒 30 万千米。如果硬要在这个粗糙的思维上相比，爱因斯坦的四维时空黎曼流形的硬度，比钻石要硬上 2 万多倍！

到目前为止，我们还是要把注意力全放在引力波的微小幅度上。引力波和所有其他的物理波动一样，身份识别卡上还得包括频率数据。所有在地球实验室中可能被侦测到的引力波，几乎必定出身于宇宙最暴烈的事件。目前宇宙中最暴烈的事件莫过于两个巨大黑洞的相撞合并。巨大的黑洞也可能在宇宙大霹雳时同步产生，但更可能的是宇宙形成 2 亿年后的凝聚产品。两个或数个黑洞相撞前，要有一段长时期的求偶期。寻到彼此后，开始互绕上 10 亿甚或 100 亿年相亲，但最后相撞合并成为一体，仅需 1 秒不到的时间。黑洞质量越大，转变成引力波的能量越高，波动振幅越高。以目前理解，最容易侦测到的引力波应是属于宇宙凝聚后的两个黑洞相撞后合并的那一类，视暴烈事件的远近，振幅以和地球间的距离的平方成反比衰减，约在一百亿亿分之一米（10^{-18}m）级数附近，为质子直径的 0.1%，或是一根头发厚度与离太阳最近的半人马座阿尔法星（Alpha Centauri）4.4 光年的距离比例，频率应在 100 赫兹级数左右。物理学家早已把这种引力波的模式，在超级计算机上计算清楚，摩拳擦掌 20 年，就等它现形上钩。

引力波和电磁波的物理性质有根本的不同。电磁波一般我们可以用绝缘手段把它挡住。但在宇宙中，就没有能绝缘引力波的材料。如有，我们就不需花那么多钱，用火箭送卫星上天了。想象引力波路过地球通过我们身体的情况。最简单的引力波，如前文形容，引力振幅在和传播方向 Z 垂直的平面上振动，即忽大忽小。如它的强度够大，我们会感觉到一下子身体被拉成瘦长，一下子身体被压成矮胖，周而复始，一直到引力波从身体部位完全通过后才结束。

Chapter

13

第十三章
宇宙的颤抖

人类从 1957 年就开始追寻引力波。最初使用的是共振棒技术，材料是铝金属，2 米长、1 米直径，重约 1000 千克，共振频率是 1660 赫兹。主要研究员约瑟夫·韦伯（Joseph Weber，1919—2000）自认侦测到引力波，但经过多年的独立检验，无人能重复他的实验。共振棒技术最大的缺陷是 1660 赫兹的共振频率太高，在此频率，引力波的振幅太低，其所使用的固态传感器灵敏度也欠佳，以致实验以失败告终。但他是第一位全力认真追寻引力波的科学家，就被同行尊称为引力波之父。

共振棒技术失败后，前文提到的迈克尔逊－莫雷检验"以太风"实验技术（见图 5）因崭新激光技术的出现，从 20 世纪七十年代开始，就又被拿回到台面，旧瓶新酒进行现代升级。

激光干涉仪

迈克尔逊－莫雷 1887 年使用的光源为黄色的钠光，虽已是单一频率，但光谱的纯度和功率，和激光一比，就有如天上地下非同类的差别。

激光技术和迈克尔逊－莫雷干涉仪的结合创造出专为侦测引力波的"激光干涉仪"，其核心理念与 1887 年的相同，为两个由同一光源发出的互为垂直的激光分别在激光通道的远点反射后，再传回到起点合并，以两束激光干涉光能的强弱来检验有无在两个通道上传播距离的差异。若有差异，则侦测到的干涉光能强；若无差异，则侦测到的干涉光能弱（图 24）。

为了保证激光在纯净的环境传播，所有激光通道都得在约为大气压力的一千亿分之一（10^{-8}torr）的高真空状态。更重要的是，引力波在通过两个垂直方向的通道时，就像上文所提人体身材在两个方向的变化一样，会使两个通道本身的长短发生忽长忽短的变化。令人倍感苦恼的是，因为引力波的振幅异常微小，要想量到激光通道的长度因引力波的经过而发生的变化，激光传播的通道都得特别长，这是因为越长越容易累积微小距离的

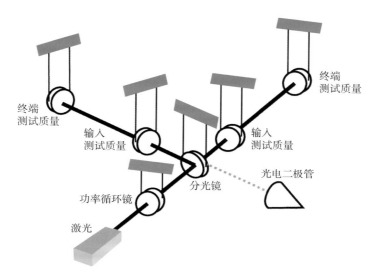

图 24　激光干涉仪基本操作原理。激光由左下单一光源发出，先经分光镜（beamsplitter）
分成两束向左上及右上的两道垂直方向的激光，在远点反射镜 180 度折回，再
由分光镜合并，送到光电二极管（photodiode）检验干涉图形。图中 6 个蓝色
长方形表示这些部件都以细线吊在空中，以减低震动噪音（Credit: David Reitze/
LIGO/NSF）

变化。所以侦测引力波的激光干涉仪长度动辄数千米。试想如此庞然大物，
横跨的直线长度都得做地球弧度的校正（4 千米长度，地球弧度校正约 126
厘米），又要维持在高真空状态，激光传播距离又长，功率就得高。一连
串的仪器条件需求，这类科研很快就被提升到人类大科学（big science）
的级别。

　　从 1970 年算起，侦测引力波概念研究发展了 22 年后的 1992 年，
由近代引力波三杰基普·索恩（Kip Thorne，1940—）、雷纳·韦斯
（Rainer Weiss，1932—）和罗纳德·德雷弗（Ronald Drever，1931—
2017）领导的激光干涉引力波观测站（Laser Interferometer Gravitational-
Wave Observatory，LIGO）计划，在美国科学基金会（National Science

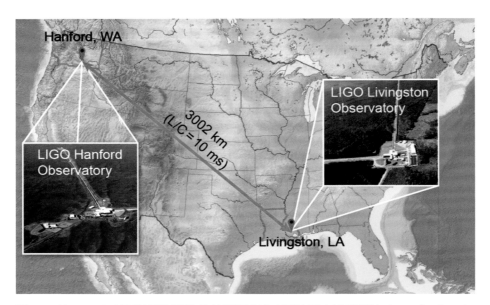

图 25　从 2002 年就开始联网操作的美国两个激光干涉引力波观测站（LIGO）（Credit: Photo from Caltech/MIT/LIGO Lab; map from Uwe Dedering [CC BY-SA 3.0], via Wikimedia Commons）

Foundation，NSF）的拨款下，正式上马筹建。10 年后的 2002 年，第一代的两座 LIGO 观测站开始联网作业，一在美国东南方路易斯安那州，一在西北方华盛顿州，两地相距 3002 千米，光速 0.01 秒可抵达（图 25）。

　　引力波讯号极为微弱，如只有一个观测站，无法过滤虚惊（false alarm）数据。两站联网，如完全相同的讯号在 0.01 秒内在两站联袂出现，讯号的真实性大增。如讯号接收的时间顺序先东南后西北，则讯号来自南半球星空方向；如两地讯号接收时间前后相差整整 0.01 秒，则讯号方向和两站的连线平行；如讯号同时抵达两站，则讯号方向由两站垂直线方向而来。所以，引力波的侦测，两站联网是最基本要求，最好是在地球每块大陆上都有。

　　从某种角度来看，引力波的侦测能力要动用最先进最精确的科学仪器，

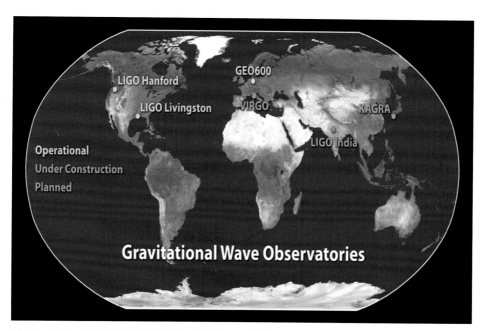

图26　在各大陆的引力波观测站分布图。目前美国和欧洲（德、英合作）的3个观测站已联网操作，坐落于意大利的观测站由法、意、荷、波、匈等5国合作经营，正在第二代仪器升级改建中。日本的观测站正在兴建中，可望于2018年操作。印度政府也已拨款，与美国合作筹建。未来6个观测站皆联网操作（Credit: Caltech/MIT/LIGO Lab）

有如航天科技，也得动用国家的财力，所以可视为一个已发展国家的综合国力表现。目前，欧洲已有一个由德国和英国合作经营的引力波观测站正式操作。坐落于意大利的观测站，由法、意、荷、波、匈等5国合作经营，正在第二代仪器升级改建中。同时，日本正在兴建中的观测站可望于2018年完成，印度政府亦已拨款，与美国合作筹建（图26）。以上6个观测站未来皆联网操作。据媒体报道，中国也有可能独立兴建。

　　美国第一代的两座LIGO观测站的两个激光通道皆为4千米长，呈垂直L形状。为了增加激光传播的总长度，激光在通道的两个镜面间来回反射了

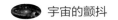

280 次，实得距离 280 × 4 = 1120 千米。用细丝悬吊的 6 个镜面各重 11 千克。第一代的两座 LIGO，从 2002 年 8 月 23 日开机后，1000 多位科学家和工程师，日夜辛劳，全天候 24/7（一天 24 小时，一星期 7 天）盯住荧光幕，连续操作了近 9 年，爱因斯坦的引力波就是不肯出面打一下慰劳性的招呼。

"大科学"都是得使出国家和人类全部的力气才可能取得成果。欧洲为了寻找希格斯玻色子（Higgs boson），得投下 100 亿美金建造大强粒子碰撞器（Large Hadron Collider，LHC），经过 50 余年不停的努力，才修得正果。泰勒和赫尔斯在 1974 年间接侦测到的引力波固然重要，但人类要直接听到从宇宙深处传来清晰的引力波呼唤才能满足。

两座 LIGO，在 2010 年至 2014 年又进行了第二次大幅度的升级。这次升级，除了把激光功率增加 20 倍外，还将震动过滤频率由 40 赫兹降到 10 赫兹以提高引力波侦测带宽，估计可扩大引力波来源的宇宙空间体积 1000 倍。更重要的是所有测距离变化的激光反射镜，由 11 千克增加到 40 千克，悬吊这些反射镜的机械装置也大幅度地提升隔震功能，使这些反射镜可能是在地球上最孤独的个体，除了与引力波互动外，谢绝一切其他往来（图 27）。

在这次升级中，台湾清华大学对激光反射面的溅射沉积薄膜（sputtering coating）降低热噪音贡献匪浅。升级后 LIGO 的灵敏度，在 2015 年时专家估计约比升级前增加 4 倍，测量应变的精确度已达一百万亿亿分之一（10^{-22}），且这个数值还会持续增加到 2021 年。

在此重复说明一下 LIGO 的工作原理。

LIGO 在没有引力波经过的情况下，激光在反射 280 次分别走完 L 形状的两个通道后，两束激光的幅度大小和时间相位完全相同，进入光电二极管后，将两束激光的总能量调整为零，即相互抵消，于是检测不到任何激光能量。但如果有引力波经过 LIGO，LIGO 的一个 L 通道变长了，另一个 L 通道变短了，所以两束激光所走过的距离不一样，在光电二极管处合并时，因激光的时间相位不同，不会再出现相互抵消的效果，所以两道激光，

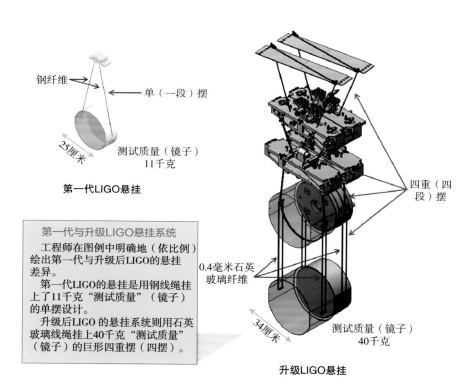

钢纤维

单（一段）摆

25厘米

测试质量（镜子）
11千克

第一代LIGO悬挂

四重（四段）摆

0.4毫米石英玻璃纤维

34厘米

测试质量（镜子）
40千克

升级LIGO悬挂

第一代与升级LIGO悬挂系统

　　工程师在图例中明确地（依比例）绘出第一代与升级后LIGO的悬挂差异。

　　第一代LIGO的悬挂是用钢线绳挂上了11千克"测试质量"（镜子）的单摆设计。

　　升级后LIGO的悬挂系统则用石英玻璃线绳挂上40千克"测试质量"（镜子）的巨形四重摆（四摆）。

图27　升级后的 LIGO 激光反射镜是地球上最孤独的个体，只与引力波互动（Credit: Caltech/MIT/LIGO Lab ）

就因引力波的作用而呈现出大于零的正数值讯号。

　　2015 年 2 月，升级后的 LIGO 进入工程试测阶段，到了 9 月即将开始正式科学操作的前 4 天，人类苦寻 50 多年的引力波终于出现了！

黑洞相撞

　　2015 年 9 月 14 号，北京时间 15 时 50 分 45 秒，美国两个激光干涉引力波观测站，前后收到了引力波的讯息。东南方的路易斯安那州比西北方的华盛顿州的讯号早到了 0.0069 秒，即 6.9ms。引力波的振幅约为 10^{-18}m，收到的讯号前后总共约 0.5 秒不到。以北京清华大学发展出的计算机软件分析，找出这个引力波是由两个巨大的自旋（spinning）黑洞互绕、相撞、合并、衰荡（ringdown）后产生的，其中一个黑洞为 29 个太阳质量，另一个为 36 个太阳质量，在相撞前的 10 亿年即寻获彼此，互绕了 10 亿年，最后以近光速 60% 的速度相撞，合二为一，衰荡形成一个 62 个太阳质量的单一黑洞，3 个不见了的太阳质量（29 + 36 − 62 = 3）经由爱因斯坦的 $E = mc^2$ 的转变完全成了引力波能量，在爱因斯坦四维黎曼流形坚硬美丽的时空纤维中，以光速传播了约 13 亿年，最后给了我们约 0.5 秒不到的引力波讯号。这个引力波被命名为 GW150914。

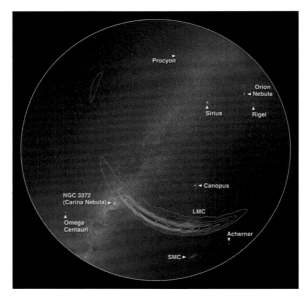

图 28　GW150914 引力波可能来自大麦哲伦星云（Large Megellanic Clouds，LMC）方向，但距离约为 13 亿光年，比 LMC 离太阳系的 16.3 万光年远很多。紫色弯月内为 90% 置信度范围。左上角小紫色区域为下文提到的 GW151226 方向，亦为 90% 置信度范围（Credit: LIGO/Axel Mellinger）

如果这 3 个不见的太阳质量完全转换成电磁能量，它是我们整个宇宙释放出的总电磁能量的 50 倍，但我们在电磁波段，竟然没看到一点火花。爱因斯坦的引力波孤独营生，与电磁波世界是阴阳两界、生死不相往来。

这个引力波由南边的观测站先收到，所以，讯号来自南方星空大麦哲伦星云（Large Megellanic Clouds，LMC）方向（图 28）。双黑洞相撞地点，距地球约 13 亿光年。尽管引力波和电磁波是阴阳两界，但是天文学家还是正在密集搜索这块宇宙地盘，企图寻找这个双黑洞合并的暴烈事件前，在电磁波光谱上留下的蛛丝马迹，如双黑洞相撞前周围带电星尘异常的 X 光光谱变化和伽马射线闪爆等，目前尚无斩获。

有的专家认为两个黑洞相撞合并的同时，也应产生大量的中微子（neutrinos）。但在 GW150914 抵达地球的前后各 500 秒时间段内，以南极洲的 IceCube 和地中海底的 ANTARES 中微子探测器检查，竟然毫无与 GW150914 同方向来的中微子迹象。侦测不到中微子，原因可能是这两个探测器的灵敏度还不够吗？还是有其他与暗物质（中微子是已知的暗物质）有关的更深层物理原因呢？

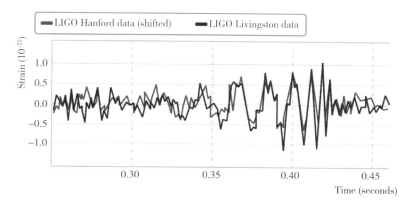

图 29　两个观测站分别独立接收的讯号，在时间轴上移动约 0.007 秒，两处的引力波讯号，就有如同卵双胞胎，完美重叠，证明它们是同一个讯号（Credit: Data from David Reitze/LIGO/NSF; images from Simulating eXtreme Spacetimes, SXS）

　　如果把两个观测站分别独立接收的讯号，在时间轴上移动约 0.007 秒，两处的引力波讯号有如同卵双胞胎完美重叠，证明它们是同一个讯号（图 29）。

　　GW150915 在合并前后的衰荡期，即图 29 中右边最后的 0.025 秒，包含了大量宝贵的双黑洞物理数据，可直接验证爱因斯坦四维时空黎曼流形度量尺标的正确性。衰荡期的引力波振幅及相位讯息破天荒地第一次被接收到，也可用计算机来计算爱因斯坦"强"场方程左右两边的未知函数。这些从 GW150914 引力波取得的数据为爱因斯坦场方程注入了最鲜猛的生命力。

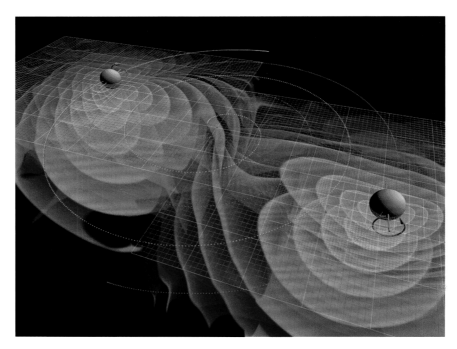

图 30　类似 GW150914 两个自旋黑洞互绕期间辐射引力波的计算机仿真示意图。两组彩色虚线代表黑洞互绕衰减的轨道，绿色箭头代表黑洞自旋的方向，菊色花瓣代表辐射出去的引力波（Credit: NASA/Ames Research Center/C. Henze [Public Domain], via Wikimedia Commons）

当然，这两个黑洞在合并前的互绕期间，尤其是最后以接近光速60%相撞前，所辐射出来的引力波，要比泰勒和赫尔斯脉冲双子星系统的幅度强度高出甚多，也是印证爱因斯坦"强"场方程的重要数据（图30）。

GW150914出身于暴烈的自旋双黑洞相撞合并事件。它诞生于四维时空黎曼流形的度量尺标，弯曲的程度难以想象。而这个度量尺标因两个巨大黑洞的合并产生了瞬时剧烈的变化，引力潮有如滔天的海啸，能将宇宙所有的物质结构揉得粉碎，引力波也以海啸幅度即刻以光速散播出去。引力波上路后，波幅就以和原生地距离的平方成反比衰减，13亿多光年的旅程后抵达地球，引力波的振幅衰减到只剩下一百亿亿分之一米，带给人类的只是宇宙一个微弱的颤抖。

但这个微弱的GW150914出身豪门，以爱因斯坦的"强"场方程追本溯源，让人类看清楚了这场在宇宙中发生过的惊心动魄的往事。

经过5个月的数据分析，人类第一次直接侦测到的引力波GW150914的惊世发现，以"双黑洞合并的引力波观测"[22]为题的论文发表了，列出了包括引力波三杰索恩、韦斯和德雷弗等在内的作者共1860名，136所大学和研究机构，北京的和台湾的清华大学和作者也都上榜。论文中强调GW150914的数据正确的置信度（confidence level，CL）为5.1σ（标准误差），即约99.99996%，也是每约5百万次才出1次错，以严格的高能粒子发现的黄金标准衡量，只能算够上了卡尔·萨根（Carl Sagan，1934—1996）较次等级的惊世声明需要惊世数据（Extraordinary claims require extraordinary evidence）的规格。论文换另一个角度看数据置信度问题，宣称宇宙送出GW150914类数据的虚惊率，每203000年一次。以地球年龄46亿年估计，宇宙已送出类似GW150914的虚惊讯号22660次，不是个小数目，所以这个置信度尚未达到五星级标准。

等全部6个引力波观测站联网作业后，只要6站同时接收到有如图29同卵6胞胎的引力波讯号，置信度可能会超过7σ，讯号的置信度比现在会高上 10 万倍，甚至超过希格斯玻色子 7σ 拍板定案的标准。

2015 年 12 月 26 日，美国的两座 LIGO 站又观测到第二起引力波事件，也是由双黑洞互绕、相撞、合并和衰荡引起，距地球约 14 亿光年，黑洞大小为 14.2 和 7.5 太阳质量，其中至少一个黑洞有自旋现象，合并后为 20.8 太阳质量，0.9 太阳质量转变成引力波能量。东南站比西北站早 1.1ms 收到讯号，表示引力波大约由西南方向而来，在图 28 中以左上角小紫色区域圈出 90% 置信度范围。沿用 GW150914 已建立起的传统，这个引力波被命名为 GW151226。

人类追寻了 50 余年引颈企待的引力波，在短短的 3 个月多一点时间，连续两次以双黑洞合并剧目登场，给爱因斯坦的场方程提供了最厉害的"强"引力场检验，也直接证明了爱因斯坦的黎曼流形中四维时空的纤维结构更加美丽坚固的存在。

2017 年 6 月 1 日，美国的两座 LIGO 站再接再厉地宣布成功侦测到第三起引力波 GW170104。这次的两个黑洞分别为 31.2 和 19.4 太阳质量，相撞合并后为 48.7 太阳质量，1.9 个太阳质量转变成引力波能量，经过 30 亿年的传播，抵达地球。

在 LIGO 的网站上（http://ligo.org/news/index.php#O2-May2017update）可寻得尚有另外 6 个引力波事件正在分析确认中。目前的迹象已很明显，双黑洞相撞合并后激发的引力波事件在宇宙中可能层出不穷，已达欲罢不能的地步。

第四起引力波 GW170814 已被确认。第五起引力波 GW170817 也被确认了是第一起中子星引力波，并侦测到同时发生的伽马闪爆电磁波讯号。

引力波频频以活跃的双黑洞合并后剩余能量出现，就表示我们目前的宇宙可能已黑洞横尸遍野，正在快速甚或加速地朝老化方向演化。但从正面角度去看，双黑洞合并频率高，就能常常激发出引力波，在宇宙中荡漾。

未来，只要 LIGO 的灵敏度持续改进，引力波的侦测，可能会成为很平常事件。

　　21 世纪的人类面临严峻的智慧挑战，一定要弄懂暗物质和暗能量的物理规律（图 31）。引力波的出现，为人类打开了一扇巨大崭新的天文窗口，电磁波无法照亮的宇宙黑暗角落，引力波可通行无阻，和暗能量暗物质亲密互动，探清它们的底细。

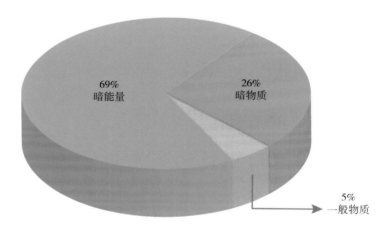

图 31　宇宙组成成分示意图。暗物质和暗能量是 21 世纪人类面临最严峻的智慧挑战

　　如前章所述，宇宙中还有另一类属"圣杯"级别的引力波，也在爱因斯坦相对论管辖范围之内。这类引力波起源于宇宙暴胀（inflation）前后的混沌初开时期的极高量子震荡的能量，它可能像电磁背景微波一样，仍然在宇宙中荡漾。宇宙凝聚后的双黑洞合并后的引力波，如 GW150914 和 GW151226 等，捕捉讯号的窗口狭窄，时机稍纵即逝。但宇宙混沌初开时的"原初"引力波，永远在那荡漾，等待人类的发掘。只是它更遥远，更微弱，更低频。目前已在天上操作的普朗克（Planck）卫星可能具备侦测到原初引力波的能力。另外人类正在投入比 LIGO 昂贵 10 倍以上的经费，计

划在未来 10 ～ 20 年，在地球绕日轨道，筹建一座激光干涉太空天线（Laser Interferometer Space Atenna，LISA，图 32），3 道激光束通道长 250 万千米，灵敏度高于 LIGO 上千倍，覆盖的宇宙空间体积大于 LIGO 上亿倍，翘首以待它也能为寻找宇宙"圣杯"级引力波做出贡献（LISA 目前因 NASA 方面经费情况胶着，由 ESA 以 eLISA 向前发展）。

爱因斯坦的场方程，波涛壮阔，历久弥新，它将带领 21 世纪的人类，解读宇宙暗能量与暗物质的奥秘。

直接侦测到引力波的发现，获 2017 年诺贝尔物理奖。引力波三杰之一的德雷弗不幸于 2017 年 3 月 7 日逝世，令人扼腕。韦斯、巴里·巴里什（Barry Barish，1936—）和索恩获颁 2017 年诺贝尔物理奖。

图 32　在地球绕日轨道上运行的激光干涉太空天线（LISA）示意图。LISA 的 3 道激光束通道距离 250 万千米，灵敏度高于 LIGO 上千倍，覆盖的宇宙空间体积大于 LIGO 上亿倍（Credit: 美国航空航天局）

后　记

　　爱因斯坦常和他的朋友和同事们，提到他生命中有两位英雄级的贵人[3]，第一位是马赫，第二位是洛伦茨。

　　洛伦茨在 1902 年因对原子量子物理塞曼效应（Zeeman Effect）的贡献获诺贝尔奖。虽然终其一生挺以太介质到底，但他启发了爱因斯坦对光和以太的正确认识，也率先导引出"洛伦茨（时空坐标）转移"方程式（图 7），帮爱因斯坦铺垫好了台阶。爱因斯坦登上台阶一望，决定只要扬弃以太，固定光速在所有惯性坐标中不变，他的狭义相对论就可顺势成形，瓜熟蒂落。

　　洛伦茨的技术助攻当然重要，但对爱因斯坦相对论思维影响最深的非马赫莫属。

　　牛顿的力学建筑在"绝对"的基石上。空间是绝对永恒的存在，时间和空间没有联系，独立于空间之外，更是在永恒下绝对的存在。望远镜出现后，人类首次发现光的传播需要时间，引发了光波介质的大论战，把人类的科学文明推到了革命的边缘。

　　马赫虽然只以超音速的"马赫"（Mach）留名，但他对宇宙的深思，以"牛顿水桶"为例，寻求质量惯性的起源，超越当代物理学家数十年。

　　牛顿的宇宙是绝对的。宇宙是他力学绝对静止的参考坐标，只此一家，别无分店。所以，牛顿的水桶一转起来，水桶里的水就以固定在宇宙中绝对的旋转轴旋转，在水桶边缘的水面升高，它的惯性来自于绝对的宇宙。

　　马赫认为牛顿的看法不对。

　　马赫认为，水在水桶中旋转，水桶边缘的水面升高，可从两个角度来看：一，水桶中的水，相对水桶以外的宇宙旋转；二，水桶中的水不动，整个水桶以外的宇宙，相对水桶做反方向旋转。两种安排，都可以对水产生相等的惯性作用。

　　马赫的相对概念就成了爱因斯坦理论的基石。没有任何一个爱因斯坦的惯性坐标可负担起绝对静止坐标重任，所有坐标都是民主式的平等，无论是我静看你动或你静看我动，皆相对相等，所有物理定律皆然。

　　但爱因斯坦在相对速度中，却把光的速度固定下来。从你的惯性坐标中，量我的惯性坐标中的时间、长度和质量，都变了，但你的惯性坐标中的光速，和我的惯性坐标中的光速相同，每秒 30 万千米，通通一样。这是爱因斯坦超越马赫的思维，对物理做出的最大贡献。

　　爱因斯坦更进一步把马赫的相对概念延伸到引力场和自由落体运动中。你的自由落体由地球引力场而来，我的自由落体由木星而来。你的自由落体坐标和我的自由落体坐标间的关系，和惯性的坐标间的关系一样，也是相对的，所有物理定律在每一个自由落体坐标中都可同样使用，得同样结果。更厉害的是，爱因斯坦把引力场和加速度也画成等号，在加速度情况下所做的物理实验，与在引力场环境下所做的物理实验完全相同。一动一静的等效，创造出爱因斯坦理解宇宙相对论的奇迹。

　　一提到牛顿力学，一切都是绝对的：绝对的时间，绝对的空间，绝对的质量等。

　　一提到爱因斯坦力学，一切都是相对的：相对的时间，相对的空间，相对的质量等。

　　爱因斯坦对相对理论的物理创新理解是千古奇才，但对相对理论的数学需求却是痛苦挣扎了 8 年，最后差点被希尔伯特抢了头功。

　　"连街上 7 岁小孩儿的数学都比爱因斯坦的好！"——据说这句话在当时德国哥廷根地方广为流传。有目共睹，爱因斯坦的数学能力的确比数学大师希尔伯特差了一大截。从 2006 年以后出现的新证据，虽然还称不上到了"冒烟的枪"（smoking gun）级别，但已能鉴定现在以"爱因斯坦场方程"定名的方程式，其实是由希尔伯特在 1915 年 11 月 11 日至 16 日之间率先导出的，这段案子可简述如下：

11 月 11 日：爱因斯坦将不完整的场方程寄给希尔伯特并要求协助。希尔伯特要求在 16 日面谈，爱因斯坦以胃痛为由婉拒。

11 月 16 日：希尔伯特以明信片寄给爱因斯坦他的"纠正版"，可能是最终完整的场方程。爱因斯坦回函，认为他们两人的场方程结果完全一样，殊途同归。爱因斯坦可能使用这个完整的引力场黎曼流形度量张量计算出水星轨道近日点进动的 43 角秒误差，并以大动作在两天后的普鲁士科学院以演讲形式报告发表。

11 月 18 日：爱因斯坦在普鲁士科学院周四例会上，以高分贝发表 43 角秒计算结果，并以快信告知希尔伯特，引起希尔伯特的艳羡，自认无此物理功力，能如此迅速地完成这项复杂的计算。虽然这次报告重点是水星轨道计算，但也强烈暗示场方程已完全正确。在此，爱因斯坦也可能使用了"冷处理"技巧，增加些时间距离，冷却与会同事对完整场方程突然冒出的可能提问，把场方程留到下周四例会发表。

11 月 20 日：希尔伯特发表"物理学基础"论文[16]，其中应含有完整的场方程，但评审原稿在 1994 — 1998 年间被人用刮胡刀切除。有关爱因斯坦发展场方程历史资料，到 1990 年后才逐渐集中到数个数据中心，以供研究科学史的专家调阅。

11 月 25 日：爱因斯坦在普鲁士科学院周四例会上，首次披露完整的场方程。

11 月 26 — 30 日：爱因斯坦认为希尔伯特只是用数学技巧认证（nostrify）了他的场方程，并以"行为污秽"（behave nastily）词句向同事形容希尔伯特的作为。[爱因斯坦所谓的数学技巧，很可能是指希尔伯特以数学大师的功力，走了最小作用原理（principle of least action）的数学捷径，不用深懂爱因斯坦视如瑰宝的物理内涵，仅依靠数学原始蛮力，率先导引出爱因斯坦苦寻 8 年的场方程。最小作用原理认为所有的自然体系，如物理机械等系统在运作过程中皆采取最省能量最省时间路径，也包括爱因斯坦的相对论。人类使用这个原理，至今已有 300 余年，仍然威力强大好用。]

12 月 2 日：希尔伯特以"愤怒"（angry）字眼回应爱因斯坦的批判。"愤怒"是因爱因斯坦不但在 11 月 25 日披露场方程论文中没提到他的贡献，数日后又以攻击性语言相对。

希尔伯特在当时是名扬世界的数学大师，学术声望远在爱因斯坦之上。如希尔伯特继续谴责，对爱因斯坦有灾难性后果。

12 月 20 日：爱因斯坦致函希尔伯特寻求和解。希尔伯特善意回应，不再追究，并公开声明场方程归爱因斯坦专有，这场学术纠纷就此永远落幕。

1916 年 3 月 31 日：希尔伯特对 1915 年 11 月 20 日论文做最终修正发表，依然维持 1915 年 11 月 20 日发表日期不变。

谁先导引出"爱因斯坦场方程"，对正确历史而言至关重要。希尔伯特 11 月 16 日的明信片遗失，也可能是同一个刮胡刀者作的案。明信片不见是事实，但从爱因斯坦对 11 月 16 日明信片的回复，和 11 月 18 日及 25 日以后的事件发展来看，希尔伯特在 16 日函给爱因斯坦完整场方程一案，目前已成不争的事实。

我的看法是，希尔伯特对爱因斯坦场方程的贡献功不可灭。但没有爱因斯坦，场方程不可能这么快就在人类文明中出现，更是个不可争论的历史事实。

本书写的，就是爱因斯坦发展相对论力学曲折起伏的故事。在未来世纪，人们会用爱因斯坦的相对理论去探究更黑暗的宇宙，带领人类进入更高智慧的殿堂。

爱因斯坦的相对理论，波涛壮阔，历久弥新。

附录 1 参考资料

［1］ Newton, Isaac, *Philosophiæ Naturalis Principia Mathematica*（*Principia*）, 1687.

［2］ Brain, Denis, *Einstein*: *A Life*, Wiley, 1996.

［3］ Isaacson, Walter, *Einstein*: *His Life and Universe*, Simon & Schuster, 2007.

［4］ Einstein, Albert, "How I created the theory of relativity," translated by Yoshimasa A. Ono, *Physics Today* 35, 8, 45（1982）: 45-47.

［5］ Einstein, Albert, "Zur Elektrodynamik bewegter Körper." Annalen der Physik 17（10）（30 June 1905）: 891-921. ["On the Electrodynamics of Moving Bodies," translated by George Barker Jeffery and Wilfrid Perrett, in The Principle of Relativity, Methuen and Company, Ltd. 1923.]

［6］ Einstein, Albert, "Ist die Trägheit eines Körpers von seinem Energieinhalt abhängig?" *Annalen der Physik* 18（13）（27 Sep. 1905）: 639-641. ["Does the Inertia of a Body Depend Upon Its Energy-Content?"]

［7］ List of directly imaged exoplanets, form https://en.wikipedia. org/wiki/List_of_directly_imaged_exoplanets

［8］ Riemann, Bernhard, "On the hypotheses which lie at the foundation of geometry," 1868. Translated by William K. Clifford, in *Nature* 8（183, 184）: 14-17, 36-37. Reprinted in *Mathematical Papers*, edited by Robert, Tucker, MacMillan, 1882; Chelsea, 1968. The Mathematical Papers of Georg Friedrich Bernhard Riemann（1826-1866）, from http://www.emis.de/classics/Riemann/

Also in *From Kant to Hilbert: A Source Book in the Foundations of Mathematics*, edited by William B. Ewald, 2 vols, Oxford Uni. Press, 1996, pp. 652-61.

[9]　Einstein, Albert and Grossmann, Marcel, *Entwurf einer verallgemeinerten Relativitatstheorie und einer Theorie der Gravitation* (I. Physikalischer Teil von Albert Einstein. II. Mathematischer Teil von Marcel Grossmann), B. G. Teubner, 1913. [*Outline of a Generalized Theory of Relativity and of a Theory of Gravitation* (I. Physical Part by A. Einstein II. Mathematical Part by M. Grossmann), B. G. Teubner, 1913.]

[10]　Ricci, Gregorio and Levi-Civita, Tullio, "Méthodes de calcul différentiel absolu et leurs applications," *Mathematische Annalen* (in French), 54 (1-2) (Mar., 1900): 125-201.

[11]　Christoffel, Elwin Bruno, "Über die Transformation der homogenen Differentialausdrücke zweiten Grades," *Journal fur die reine und angewandte Mathematik* 70 (1869): 46-70.

[12]　Levi-Civita, Tullio, "Nozione di parallelismo in una varietà qualunque e conseguente specificazione geometrica della curvatura riemanniana," *Rendiconti del Circolo Matematico di Palermo* 42 (1917): 173-205.

[13]　Einstein, Albert, "Die formale Grundlage der allgemeinen Relativitätstheorie," *Sit zungsberichte der Königlich Preußischen Akademie der Wissenschaften* (Berlin) (29 Oct. 1914): 1030-1085. ["Formal Foundations of the General Theory of Relativity"]

[14]　Einstein, Albert, "Erklärung der Perihelbewegung des Merkur aus der allgemeinen Relativitätstheorie," *Sitzungsberichte der Königlich Preußischen Akademie der Wissenschaften* (Berlin) (18 Nov. 1915): 831-839. ["Explanation of the Perihelion Motion of Mercury from General Relativity Theory"]

[15]　Einstein, Albert, "Die Feldgleichungen der Gravitation," *Sitzungsberichte der*

Königlich Preußischen Akademie der Wissenschaften（Berlir）（submitted 25 Nov. 1915, published 2 Dec. 1915）: 844-847.["The Field Equations of Gravitation"]

[16]　Hilbert, David, "Die Grundlagen der Physik" *Nachrichten von der Koeniglichen Gesellschaft der Wissenschaften zu Goettingen, Math-physik. Klasse*（20 Nov. 1915）: 395-407. ["The Foundations of Physics," proceedings of the Göttinggen Academy of Sciences.]

[17]　Ebner, Dieter W., "How Hilbert has found the Einstein Equations before Einstein and forgeries of Hilbert's page proofs," *physics-gen-ph*（19 0ct. 2006）.

[18]　Einstein, Albert, "Die Grundlage der allgemeinen Relativitätstheorie," *Annalen der Physik* 49（7）（20 Mar. 1916）: 769-822. ["The Foundation of the General Theory of Relativity"]

[19]　Einstein, Albert, "Kosmologische Betrachtungen zur allgemeinen Relativitätstheorie," *Sitzungsberichte der Königlich Preußischen Akademie der Wissenschaften*（Berlirn）（15 Feb. 1917）: 142-152. ["Cosmological Considerations in the General Theory of Relativity"]

[20]　Wheeler, John Archibald, *A Journey into Gravity and Spacetime*, W. H. Freeman & Co.（Scientific American Library）, 1990.

[21]　《宇宙起源》，李杰信 / 著，科学普及出版社，2015 年 5 月;《天外天》，李杰信 / 著，昆仑出版社，2013 年 1 月。

[22]　Abbott, B. P. *et al.*, "Observation of Gravitational Waves from a Binary Black Hole Merger," *Physical Review Letters* 116（6）, 061102（11Feb. 2016）.

附录 2　解读爱因斯坦场方程

　　爱因斯坦的广义相对论场方程（Einstein's Field Equations，EFE）是人类智慧的结晶，可以把它当成一件艺术品来欣赏。

　　爱因斯坦场方程最浓缩的形式：$G_{\mu\nu} = \kappa T_{\mu\nu}$。左边的 $G_{\mu\nu}$ 就是一般所说的爱因斯坦场方程，最初以黎曼流形的张量 $G_{\mu\nu} = R_{\mu\nu} - \frac{1}{2} R g_{\mu\nu}$ 出场，后因"静态宇宙"要求，爱因斯坦引进了宇宙常数 Λ。1929 年哈勃的膨胀宇宙出现，爱因斯坦取消 Λ。1998 年宇宙暗能量的存在拍板定案后，Λ 在爱因斯坦场方程的地位又得恢复。现代的 $G_{\mu\nu} = R_{\mu\nu} - \frac{1}{2} R g_{\mu\nu} + \Lambda g_{\mu\nu}$ 中，$R_{\mu\nu}$ 即是我们一再提到的里奇－库尔巴斯托罗共变张量，它等于黎曼曲率张量（Riemann curvature tensor）$R^{\alpha}_{\mu a\nu}$，可以用我们的老友克里斯托弗的符号表示：

$$R^{\alpha}_{\mu a\nu} = R_{\mu\nu} = \frac{\partial}{\partial x^{\alpha}} \Gamma^{\alpha}_{\mu\nu} - \frac{\partial}{\partial x^{\alpha}} \Gamma^{\alpha}_{a\nu} + \Gamma^{p}_{\mu\nu} \Gamma^{\alpha}_{P a} - \Gamma^{p}_{a\nu} \Gamma^{\alpha}_{p\mu}$$

　　而克里斯托弗符号的本身，又可以黎曼流形在某个使用坐标所在点的时空（spacetime）度量（metric）$g_{\mu\nu}$ 表示：

$$\Gamma^{\alpha}_{\mu\nu} = \frac{1}{2} g^{s\alpha} \left[\frac{\partial}{\partial x^{\mu}} g_{s\nu} + \frac{\partial}{\partial x^{\nu}} g_{s\mu} - \frac{\partial}{\partial x^{s}} g_{\mu\nu} \right]$$

　　每个 μ、ν、α、s 和 p 的范围是 [0，1，2，3]，所以一下子每个 $\Gamma^{\alpha}_{\mu\nu}$ 就有 $4 \times 4 \times 4 = 64$ 项，因它们表达的是在不纠结（torsion free）无悬崖峭壁（differentiable）黎曼流形中行为良好的物理现象，64 项中有 24 项重复，实

得 $4 \times 10 = 40$ 项独立函数值。虽然每个 $\Gamma_{\mu\nu}^{\alpha}$ 只剩有 40 项，也够多了。而 $g_{\mu\nu}$ 本身，只有 $4 \times 4 = 16$ 项，其中 6 个相同，在黎曼流形每点实得 10 项独立度量（在张量运算中，一个符号同时出现两次，即为求和之意）。

以上我们已经使用了共变导数或绝对微分（covariant derivatives or absolute differential calculus）来取得克里斯托弗符号和度量之间的方程式。矢量的共变导数：

$$D_r\, V_\mu = \partial_r\, V_\mu - \Gamma_{r\mu}^{\alpha}\, V_\alpha = 0$$

或张量的共变导数：

$$D_s\, T_{\mu\nu} = \frac{\partial T_{\mu\nu}}{\partial x^s} - \Gamma_{s\mu}^{\alpha}\, T_{\alpha\nu} - \Gamma_{s\nu}^{\alpha}\, T_{\mu\alpha} = 0$$

D_r（或 D_s）表示共变导数或绝对微分，以资和一般的偏微分 ∂_r 划清界限。在最好或高斯垂直坐标中，如 D_r（或 D_s）在一个坐标中等于零，就在所有的坐标中等于零。克里斯托弗符号和度量之间的方程式就是由 $T_{\mu\nu} = g_{\mu\nu}$ 导引出来的，如下：

$$D_s g_{\mu\nu} = \frac{\partial g_{\mu\nu}}{\partial x^s} - \Gamma_{s\mu}^{\alpha}\, g_{\alpha\nu} - \Gamma_{s\nu}^{\alpha}\, g_{\mu\alpha} = 0$$

$$D_\mu g_{s\nu} = \frac{\partial g_{s\nu}}{\partial x^\mu} - \Gamma_{s\mu}^{\alpha}\, g_{\alpha\nu} - \Gamma_{\mu\nu}^{\alpha}\, g_{s\alpha} = 0$$

$$D_\nu g_{s\mu} = \frac{\partial g_{s\mu}}{\partial x^\nu} - \Gamma_{s\nu}^{\alpha}\, g_{\alpha\mu} - \Gamma_{\nu\mu}^{\alpha}\, g_{s\alpha} = 0$$

张量在无纠结、无悬崖峭壁黎曼流形几何条件下：

$$g_{\mu\alpha} = g_{\alpha\mu} \text{ 和 } \Gamma_{\nu\mu}^{\alpha} = \Gamma_{\mu\nu}^{\alpha}$$

现将上面三项共变导数运算如下：

$$D_\nu g_{s\mu} + D_\mu g_{s\nu} - D_s g_{\mu\nu} = \frac{\partial g_{s\mu}}{\partial x^\nu} + \frac{\partial g_{s\nu}}{\partial x^\mu} - \frac{\partial g_{\mu\nu}}{\partial x^s} - 2\Gamma_{\mu\nu}^{\alpha} g_{s\alpha} = 0$$

得：

$$2\Gamma_{\mu\nu}^{\alpha} g_{s\alpha} = \frac{\partial g_{s\mu}}{\partial x^\nu} + \frac{\partial g_{s\nu}}{\partial x^\mu} - \frac{\partial g_{\mu\nu}}{\partial x^s}$$

下文列出

$$g^{s\alpha} \otimes g_{s\alpha} = (1),$$

或

$$g_{s\alpha} = 1/g^{s\alpha},$$

得：

$$\Gamma_{\mu\nu}^{\alpha} = \frac{1}{2}\, g^{s\alpha} \left[\frac{\partial g_{s\nu}}{\partial x^\mu} + \frac{\partial g_{s\mu}}{\partial x^\nu} - \frac{\partial g_{\mu\nu}}{\partial x^s} \right]$$

在爱因斯坦的苏黎世笔记本中（图 15），现代的克里斯托弗符 号 $\Gamma_{\mu\nu}^{\alpha}$ 以 $\left[\begin{smallmatrix}\mu\nu\\\alpha\end{smallmatrix}\right]$ 符号表示。14L 页上方第一行的 $\left[\begin{smallmatrix}\mu\nu\\\alpha\end{smallmatrix}\right]$ 和此处的 $\Gamma_{\mu\nu}^{\alpha}$ 相比，在 $\frac{1}{2}$ 后仅差了个度量 $g^{s\alpha}$。这一个错误，爱因斯坦投资了 2 年 8 个月（2013 年 2 月—2015 年 10 月）的时间才纠正过来。

我们已经可以看出来了，爱因斯坦场方程就是在黎曼流形中每一点的 10 个联立度量偏微分方程式。但场方程左右有 10×2=20 个未知数。10 个方程式不够解出 20 个未知数，所以一般还得寻找别的辅助方程式，或将有些未知数假设为零或其他合理数值，以凑足方程式的短缺。

爱因斯坦场方程第 2 项中的 R 为里奇－库尔巴斯托罗标量曲率（Ricci-Curbastro Scalar Curvature），$R = g^{\mu\nu} R_{\mu\nu}$，是共变张量在每一点的平均值。$g^{\mu\nu}$ 和 $g_{\mu\nu}$ 的关系是 $g^{\mu\nu} \times g_{\mu\nu} = (1)$，但这是个矩阵的（1）。$g_{\mu\nu}$ 可以一个 4×4 = 16 项的矩阵表示：

$$g_{\mu\nu} = \begin{pmatrix} g_{00} & g_{01} & g_{02} & g_{03} \\ g_{10} & g_{11} & g_{12} & g_{13} \\ g_{20} & g_{21} & g_{22} & g_{23} \\ g_{30} & g_{31} & g_{32} & g_{33} \end{pmatrix}$$

$$g^{\mu\nu} \times g_{\mu\nu} = (1) = \begin{pmatrix} 1 & 0 & 0 & 0 \\ 0 & 1 & 0 & 0 \\ 0 & 0 & 1 & 0 \\ 1 & 0 & 0 & 1 \end{pmatrix}$$

爱因斯坦场方程的右边为 $\kappa T_{\mu\nu}$，其中 $\kappa = 8\pi G / c^4$，G 为牛顿万有引力常数，c 为光速，每秒 30 万千米。光速是宇宙中很大的一个常数，再 4 次方除一下，造成爱因斯坦左边的里奇－库尔巴斯托罗时空曲率先天就是很小。物理的解读是爱因斯坦黎曼流形的四维时空纤维结构奇硬，除了在巨大星体或黑洞附近，时空曲率都不会被弯曲得太厉害。

爱因斯坦引力场的来源，以 $T_{\mu v}$ 表示，共有 $4 \times 4 = 16$ 项，称为"质量 – 能量 – 动量"（Mass – Energy – Momentum）张量，简称"能量 – 应力"（Energy – Stress）张量。$T_{\mu v}$ 不是爱因斯坦的首创，在第八章"苏黎世笔记本"和第九章"摘要论文"中已有较详细的描述，在此仅再总结一下：爱因斯坦的引力场有 3 大类来源：

1. 质量：T_{00} 或能量密度（energy density）；

2. 高速运行的动能：T_{11}、T_{22} 和 T_{33}，又称压力（pressure）。

还有其他擦边球类的：

a. 动量密度（momentum density）：T_{10}、T_{20} 和 T_{30}；

b. 能量流（energy flux）：T_{01}、T_{02} 和 T_{03}；

c. 切应力（shear stress）：T_{12}、T_{13}、T_{23}、T_{21}、T_{31} 和 T_{32}。

$T_{\mu v}$ 也可以以一个 $4 \times 4 = 16$ 项的矩阵表示：

$$T_{\mu v} = \begin{pmatrix} T_{00} & T_{01} & T_{02} & T_{03} \\ T_{10} & T_{11} & T_{12} & T_{13} \\ T_{20} & T_{21} & T_{22} & T_{23} \\ T_{30} & T_{31} & T_{32} & T_{33} \end{pmatrix}$$

$T_{\mu v}$ 对角在线的 T_{00} 与 T_{11}、T_{22} 和 T_{33} 等项，如内文所述较易理解。其他项目，除了在对角线两侧所有对称位置的张量分量（components）如 T_{12} 和 T_{21} 应该相等外，它们的物理涵义就要看着张量数学对号入座，才比较容易弄懂。

专家经常把宇宙看成一个由很多独立存在而互不干扰的质量个体所组成。每个质量的体积可以到无穷小，并且可在自己的坐标系统中，随时改变位置，但皆我行我素，与其他存在的质量个体无任何互动关联。换言之，这些在运动中的微小质量，可以用来检测爱因斯坦场方程的特性，如 $T_{\mu v}$ 中

16 − 6 = 10 独立分量的物理意义，也可以用来检测在下文谈到的每个坐标中自由落体的捷线轨迹。

现在让我们使用这样一个质量密度为 ρ 的个体，以速度 v（v^1，v^2，v^3）在自己的坐标中运行，来检验它在黎曼流形中所造成的引力场来源所有 $T_{\mu\nu}$ 的 16 个分量。宇宙最终的引力场来源，可视为这些独立质量个体的总和。γ 即为表 1 中的伽马，c 为光速，v^1、v^2 和 v^3 为速度 v 在三维空间 3 个坐标轴上的分量。在此再次引用四维时空的 4 个坐标 X_0、X_1、X_2 和 X_3，X_0 是时间轴、其他 3 个为空间轴。这个 $T_{\mu\nu}$ 的 16 个分量计算，不算困难，主要需要的是一个四维时空的 4– 速度（4– velocity）"矢量"：$u = (u^0,\ u^1,\ u^2,\ u^3) = (\gamma c,\ \gamma v^1,\ \gamma v^2,\ \gamma v^3)$。张量 $T_{\mu\nu} = \rho u_\mu \otimes u_\nu$，$\otimes$ 在此代表两张量相乘，读大三物理的同学皆可为之，结果如下：

$$
T_{\mu\nu} = \begin{pmatrix}
\gamma^2 \rho c^2 & \gamma^2 \rho v^1 c & \gamma^2 \rho v^2 c & \gamma^2 \rho v^3 c \\
\gamma^2 \rho c v^1 & \gamma^2 \rho (v^1)^2 & \gamma^2 \rho v^2 v^1 & \gamma^2 \rho v^3 v^1 \\
\gamma^2 \rho c v^2 & \gamma^2 \rho v^1 v^2 & \gamma^2 \rho (v^2)^2 & \gamma^2 \rho v^3 v^2 \\
\gamma^2 \rho c v^3 & \gamma^2 \rho v^1 v^3 & \gamma^2 \rho v^2 v^3 & \gamma^2 \rho (v^3)^2
\end{pmatrix}
$$

与上一个 $T_{\mu\nu}$ 矩阵中的 16 个分量比对，$T_{00} = \gamma^2 \rho c^2$、$T_{11} = \gamma^2 \rho (v^1)^2$、$T_{01} = \gamma^2 \rho v^1 c$ 和 $T_{12} = \gamma^2 \rho v^2 v^1$ 等。γ^2 在每项中皆出现，表现出高速运动对引力场来源的威力，包括 $T_{00} = \gamma^2 \rho c^2$。对角线每一项都清楚地表明能量或压力对引力源的贡献。其他非对角线的分量，都是在时间与空间或空间与空间坐标混合下计算出的能量对引力场来源的贡献。

至于一般性宇宙引力场来源分量计算，很少能有闭合式的数学解答，以计算机硬算较易。

第十章"绝对微分"中明确表示，"能量 – 应力"张量涉及质量和物体的速度，使用反变张量最自然。但在爱因斯坦场方程中，为了左、右两边皆以共变张量出现，右边的"能量 – 应力"张量反而以不自然的共变张量

$T_{\mu\nu}$ 出现，求的是场方程左右两边在张量运算时的协调。$T_{\mu\nu}$ 如以 $T^{\mu\nu}$ 反变张量自然形式出现，则：$T_{\mu\nu} = g_{\alpha\mu}g_{\beta\nu}\, T^{\alpha\beta}$，而 $G_{\mu\nu} = g_{\alpha\mu}g_{\beta\nu}\, G^{\alpha\beta}$，左边反以不自然的反变张量出现：$G^{\mu\nu} = \kappa T^{\mu\nu}$。

爱因斯坦场方程求的是在宇宙黎曼流形中每一点，解出在那一点的度量 $g_{\mu\nu}$。度量到手，就得到宇宙在每一点的曲度。有了曲度，就知道在宇宙中每一点的引力场的强度和加速度。于是，爱因斯坦就可送出光子和粒子等尖兵，在捷线上奔驰，探清整个宇宙面貌。在引力场强到连光子都逃不出来的地段，如果爱因斯坦也相信它的存在，就可找到自愿人类跳进去，迎着滔天的引力潮，率先进行黑洞的探测工作。

爱因斯坦自认捷线轨迹可由他的场方程直接导引出来，有些物理学家不以为然。仔细查阅近代物理学家导引捷线技巧，包括 1979 诺贝尔奖得主史蒂文·温伯格（Steven Weinberg，1933—）的独门绝技，动用了等效原理，其他也有使用拉格朗日定积分（Lagrangian action）方法，洋洋洒洒数页，不能算特别艰难，但也得涉及度量 $g_{\mu\nu}$ 和克里斯托弗符号 $\Gamma^{\alpha}_{\mu\nu}$，最后整理成坐标对时间的二次微分，即粒子等在某特定坐标中的加速度和速度的方程式：

$$\frac{d^2 x^{\alpha}}{\mathrm{d}s^2} = -\Gamma^{\alpha}_{\mu\nu}\frac{dx^{\mu}}{\mathrm{d}s}\frac{dx^{\nu}}{\mathrm{d}s}$$

所以，光子、粒子甚至天体在爱因斯坦四维时空有曲度的黎曼流形中飞行轨迹，公平说来，应是爱因斯坦场方程的延伸，并不是爱因斯坦方程式整体的一部分。

在第十三章"宇宙的颤抖"解释了黎曼流形四维时空中引力波的来源计算。我们先将所有能造成引力场的来源全拿掉，即将爱因斯坦方程式右手边 $T_{\mu\nu} = 0$。在宇宙深真空无引力源的环境下，黎曼流形的曲率为零（也等于里奇－库尔巴斯托罗张量 $R_{\mu\nu}$ 等于零），变回四维明科夫斯基的平面时空几何，它的度量相比起来极为简单：

$$g_{\mu v} = \eta_{\mu v} = \begin{pmatrix} -1 & 0 & 0 & 0 \\ 0 & 1 & 0 & 0 \\ 0 & 0 & 1 & 0 \\ 0 & 0 & 0 & 1 \end{pmatrix}$$

像以上所有的矩阵一样，-1 的方向为时间坐标 t，其他的三个坐标方向分别为 x、y、z。$x-y-z$ 坐标是我们生活的三维空间。1 前面的负值表示光速在这些相对运动的惯性坐标中恒定（见图 7）。看个人喜好，有时也可以将 t 坐标以正 1 表示，其他 3 个坐标皆以 -1 表示，都可达到光速恒定的目的。

上文已表示过 $R_{\mu v}$ 通过 $\Gamma_{\mu v}^{\alpha}$ 和黎曼流形每一点度量 $g_{\mu v}$ 的函数关系。在第十二章 "引力波" 中以微扰（perturbation）技巧，在平滑明科夫斯基的平面度量上加个小骚动 $h_{\mu v}$，即 $g_{\mu v} \approx \eta_{\mu v} + h_{\mu v}$，可在四维黎曼流形时空中激起一个引力波。现在假设引力波在明科夫斯基四维时空沿着 z 方向传播，则引力波的振幅平面被限制在 x-y 平面上，振幅选在 x 和与 x 呈 45 度角两个方向振动：

$$h_{\mu v} = \begin{pmatrix} 0 & 0 & 0 & 0 \\ 0 & hxx & hxy & 0 \\ 0 & hyx & hyy & 0 \\ 0 & 0 & 0 & 0 \end{pmatrix}$$

当然，在这种刻意安排下，$h_{xx} = -h_{yy}$，$h_{xy} = h_{yx}$。审视在 $R_{\mu v} = 0$ 的情况下被微扰后与 $h_{\mu v}$ 的数量级（order of magnitude）关系，可得到：

$$\left(\nabla^2 - \frac{1}{c^2} \frac{\partial^2}{\partial t^2} \right) h_{\mu v} = 0$$
$$h_{\mu v}(t, z) = h_{\mu v} e^{i(wt - kz)}$$

这是一个我们极为熟悉的波动方程式。所以，引力波是以黎曼流形的

度量 $g_{\mu\nu}$ 被微扰的振幅 $h_{\mu\nu}$ 传播，速度为光速。

　　上文提到，$\kappa = 8\pi G/c^4$ 是一个极小的数字，约为 2×10^{-43}。因天体黑洞互绕合并衰荡后产生的引力波，如质能转变在数个太阳质量数量级，以应变振幅 h 表示的引力波的数值非常小。GW150914 量到的应变振幅 h 约为 10^{-21} 的数量级，以 LIGO 激光通道长度 $L = 4$ 千米为准，$h = \Delta L/L$，相当于引力波实际振幅 ΔL 为 4×10^{-18} 米，约为质子 1/1000 的大小。

附录 3　爱因斯坦和他的巨人们

　　爱因斯坦在攀登人类智慧巅峰 20 年的旅途中并不孤独。本书中写到他和他的 32 位巨人的心灵交会，激起了万丈火花，给人类带来了宇宙七星级的知识盛宴。巨人中也包括了几位可能与爱因斯坦无一面之缘的现代物理学家，如泰勒、赫尔斯、索恩和韦斯等，他们不但证实了爱因斯坦百年前的预测，也更深耕了爱因斯坦相对论的内涵，把它带进了一个全新的观测科技时代，使爱因斯坦的理论在 21 世纪黑暗能量和黑暗物质掌控的宇宙中继续发光发热，波涛壮阔，历久弥新。

爱因斯坦与 32 位科学家。（Credit: Michele Besso: Besso Family, courtesy AIP Emilio Segrè Visual Archives; Friedrich Kottler: AIP Emilio Segrè Visual Archives; Ronald Drever: American Physical Society; Kip Thorne: Keenan Pepper [CC BY-SA 3.0], via Wikimedia Commons; Others: Public Domain）

中文索引（按汉语拼音排序）

英文索引